「こころ」はいかにして生まれるのか

最新脳科学で解き明かす「情動」

櫻井　武

ブルーバックス

カバー装幀　芦澤泰偉・児崎雅淑
カバー画像　舟越桂「山と水の間に」（1998年制作／個人蔵）
撮影／内田芳孝
協力／西村画廊
本文デザイン　齋藤ひさの（STUDIO BEAT）
本文図版　さくら工芸社、斉藤綾一

はじめに

私たちは日々、歓喜の声を上げることもあれば、悲嘆に暮れることもある。気分が弾むこともあれば、浮かないこともある。また、ほかの人に共感して涙を流すこともあるし、喧嘩をすることもある。よりよい仕事をしようと、張り切って頑張ることもあれば、ゲームや遊びに興じることもある。

こうした「こころ」の動きは、どのように生まれてくるのだろうか。

そして、「こころ」とはいったい、どこにあるのだろうか？

「こころ」とはなんだろう？

本書では、このような「こころ」を取り扱う。しかし、心理学的な、あるいは精神病理的な問題ではなく、本書で扱うのは、神経科学からみた「こころ」の働き方だ。それは、いわば生体の機能としての「こころ」の働き方ということになる。

現代人であれば、感情や記憶、そして精神は、脳がつかさどっていることを理解しているであろう。「こころ」の機能は、脳の働きだと考えている人が多いと思う。たしかに精神機能は、脳の機能である。しかし、「こころ」は脳だけの機能なのだろうか？

たとえばSF作品のなかには、ときに、脳だけとなった存在や、体を機械に置き換えたサイボーグが登場するものがある。はたしてそうした脳は、普通に生体の中にある脳と同様に機能するものだろうか？　おそらくそうではないだろう。

脳は身体の状態に常に影響を与えているが、その一方で、全身の感覚は、感覚系を通して脳の機能に大きく影響している。また、末梢のさまざまな臓器も、自律神経系や内分泌系を介して常に脳に情報を届けており、「こころ」の機能にも影響を与えているからだ。

脳は、感覚系や神経系、内分泌機能を介して全身と接続されている。脳と全身は、ユニットとして機能しているのである。「こころ」の源泉は脳で生成され、脳は全身の器官に影響を及ぼして「こころ」を表現する。しかし、その一方で、全身の器官もまた、脳に情報のフィードバックをして感情や気持ちを修飾し、「こころ」を変化させる。したがって、脳の状態に影響を与えるこれら生体内の要素を完全に再現しえないかぎり、「こころ」を理解したことにはならない。SFに描かれるような〝脳だけの存在〟は、生体の一部として働く本来の脳とは、かなり違ったものと言わざるをえないだろう。

実際、古代の人々は、「こころ」とは心臓などの、脳以外の器官に由来するものだと思っていた。脳以外の部分にそのような「精神機能」を発動する「中枢」を求める考えは、確かに間違ってはいるのだが、脳が心臓をはじめとする全身に影響を与えているからこそ、昔の人々は心臓などの臓器に「こころ」があると考えたのであろう。

そこで、本書では「こころ」を理解するために、脳のシステムだけではなく、脳が全身にどのように影響を与えているのか、そして逆に、全身が「こころ」にどのように影響を与えているのかまでを考えていきたい。

もちろん、多くの人が理解している通り、脳が「こころ」の主座であることは間違いない。そして、多くの人は、「こころ」は高度な精神機能であり、その働きには、脳の中でももっとも進化した大脳皮質が大きな役割を果たしていると考えているかもしれない。

しかし、大脳皮質が「こころ」に果たす役割は、実は多くの人が想像するよりずっと少ない。確かに大脳皮質は高度な情報処理システムではあるが、感情の動きや、性格傾向、行動選択などの「こころ」の本質をつくっているのは、もう少し脳の深部にある構造なのである。

そこでつくられている、「こころ」の本質に深くかかわっているものを「情動」という。したがって本書では、大脳皮質の特性を理解したうえで、脳の深部の情動というもののメカニズムにも注目していきたい（神経科学者は感情を「情動」という耳慣れない言葉で扱うことが多い。その理由は本編で述べるとして、ここではとりあえず、情動≒感情であると考えていただきたい)。

またSF作品を例にとると、脳を機械の体に埋め込む、あるいは、全身を機械化するなどしたサイボーグは、人間のもつ「柔軟な対応力」「判断力」「実行力」や、その場で選択すべき最良の手段を本能的に嗅ぎ分ける「直感的な能力」などの〝機械にないもの〟を、肉体の代わりとなる強力な機械に埋め込んだ〝より強い存在〟というコンセプトで描かれることがある。しかし、近年のAI技術の進展を見るにつけ、それらの能力は、むしろコンピューターのほうに分があるといってよい。近年の囲碁や将棋のAI対ヒトの対戦や、自動車の自動運転化などを見れば、それは明らかだろう。これらに求められるのは大量の情報から最適解を選択する機能であり、情報処理の速さゆえに、AIがもっとも得意とするものなのである。これらは、人間の脳でいえば大脳皮質が担当する機能ともいえる。指数関数的なAIの進化速度は、こうした能力においてはすでに機械が人間をはるかに凌駕してしまっているとさえ感じさせる。

しかし、脳機能のなかにはAIがたやすくシミュレートできそうにないものもある。それが「こころ」だ。

「こころ」には、情動以外にも、報酬を得ようとする欲求、困難を成し遂げようとする意志力、他人に共感する力、社会で適切な役割を果たす力などが含まれている。人間は、まったく論理的でない判断をすることもあるし、理屈では理解できない行動をとることもある。そして、他者に共感したり、反発を感じることもある。それらは「こころ」の働きによるものだ。そうした働きの作動原理、少なくとも、どのようなアルゴリズムで「こころ」が作動しているかを理解できなければ、「こころ」をＡＩに組み込むことは不可能であろう。

脳の深部では、さまざまな状況に応じて脳の作動状態がコントロールされている。それが、「情動」や「気分」と呼ばれる機能である。生物がなんらかの行動を選択するときは、実はこれらの機能が深く関わっている。

みなさんは「私はなぜ、あんなことをしたのだろうか?」あるいは「私はなぜ、そんなことを言ったのだろうか?」といった疑問を自分の行動に感じたことはないだろうか。多くの人は、自分の行動のほとんどは、自分の確固たる意志が決めていると信じているだろう。しかし、神経科学の立場から言えば、多くの行動は意識下で選択されている。もちろん、より複雑化していく社会のなかでは、選択に必要な演算の一部は大脳皮質がおこなっているが、多くの場合は、「後づけ」の理由を見つけて意識や自我が選択していると思い込んでいるにすぎないのだ。

つまり、あなたの行動を決めているのは意識ではなく「こころ」なのである。

では、「こころ」はいったいどのようにして私たちを動かしているのだろうか？

本書では、こうした「こころ」というものの作動原理や、行動選択にかかわるメカニズムを、現代の神経科学的な観点からひもといていきたい。

◉もくじ◉

第5章　海馬と扁桃体…137

第1章

脳の情報処理システム

最も深い感情の中に、最も高い真実が
隠されている。要はこの感情を摑むことだ。

——— ニール・ドナルド・ウォルシュ

私たちは、脳で世界を理解している。とくに大脳皮質の最も前方にある「前頭前野」と呼ばれる領域は、さまざまな情報を統合して、自分の置かれている状況を正しく理解する機能をもっている。感覚系から得た外界や自分の身体状態についての情報を前頭前野によって処理し、記憶と照合したり、未来を予測したりすることで、空間および時間軸に沿って「論理的に」世界を理解しながら私たちは生活している。

しかし、それだけでは、「こころ」を理解することはできない。「うれしい」「悲しい」などの気持ちや、美しいもの、かわいらしいものを見たとき、あるいは逆に、見苦しいものなどを見たときの「こころ」の動きをつくりだしているのは、脳のもっと深部の構造である。

とはいえ、自分がいま「喜んでいる」「悲しんでいる」「幸せだ」などと感じていることを最終的に「認知」するのは、前頭前野を含む大脳皮質の機能だ。そこで「こころ」について考える前に、この章ではまず、大脳皮質の作動原理についてみていこう。

脳のつくり

われわれヒトの脳（図1-1）は、重さが約1300gの器官である。それは約1000億

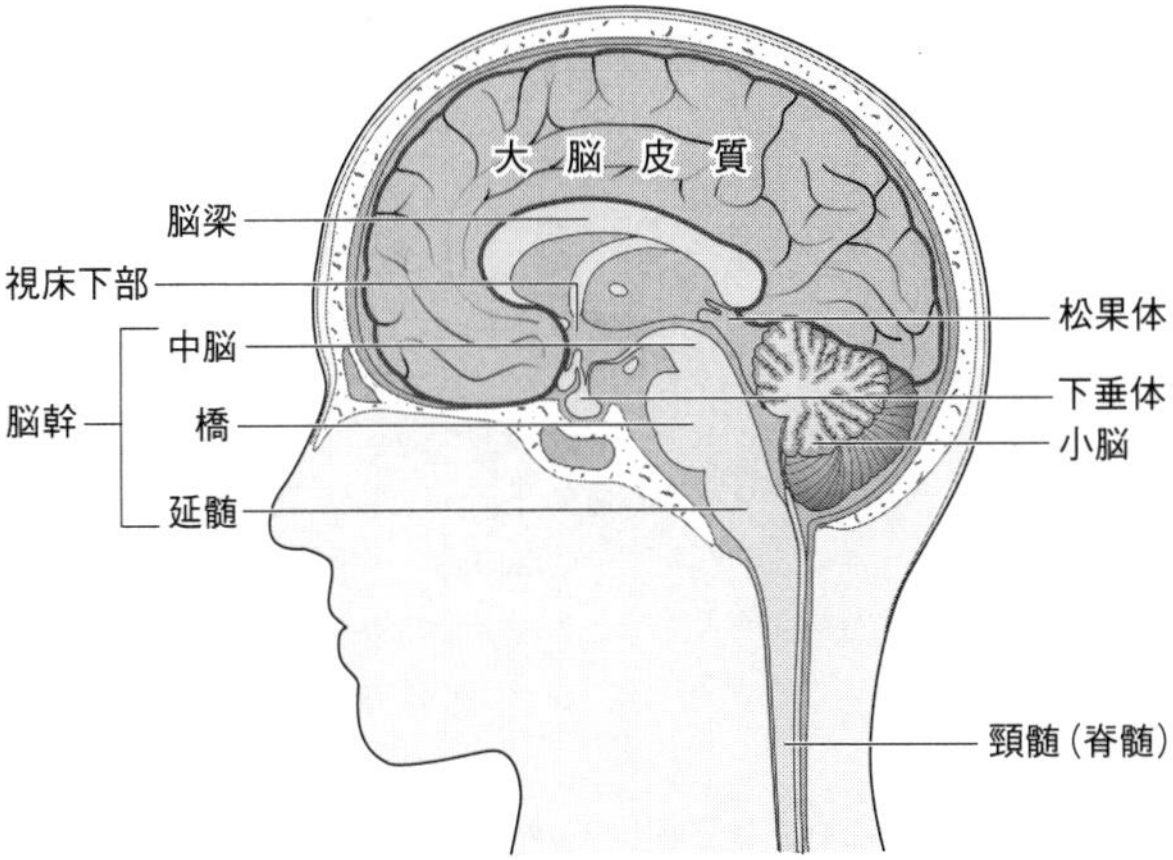

図1-1　脳の構造
脳には階層構造があり、ヒトではいちばん外側の大脳皮質がとくに発達している。大脳皮質の最も前方に前頭前野がある

の「ニューロン」と呼ばれる神経細胞と、それを維持するためのグリア細胞からなっている。

そしてヒトの脳は、身体が使うエネルギーの約20％を消費するという贅沢な器官である。そのエネルギーのうち、約80％はニューロンの静止膜電位（細胞の内側は外側よりも電位的にマイナスになっており、これを静止膜電位という）を生み出すための「ポンプ」の駆動に使われている（図１－２）。静止膜電位は情報伝達をおこなうために必須のものである。つまり、脳は情報処理のためにエネルギーの大部分を使っているわけだ。

ニューロンには、情報処理装置としての

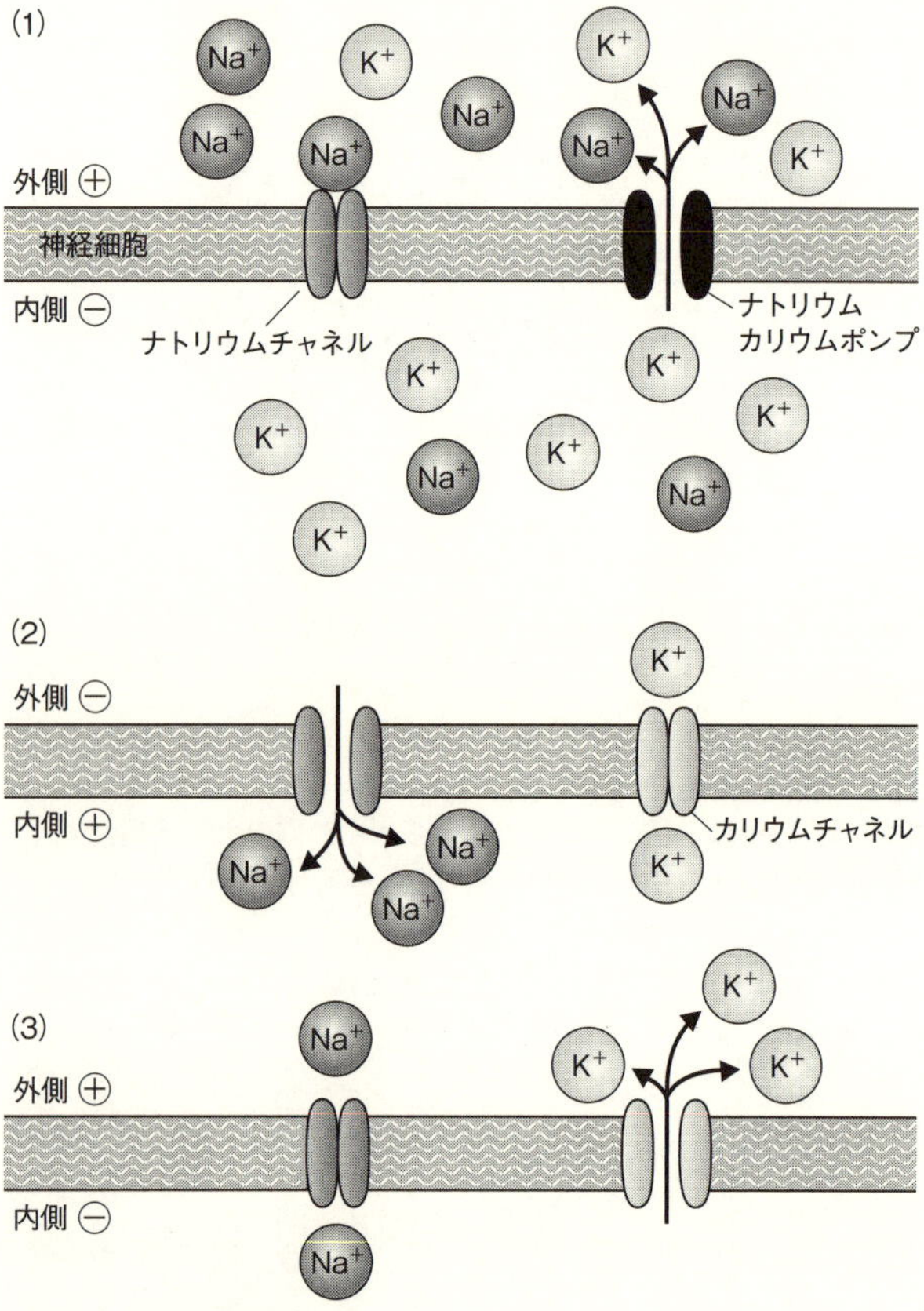

図1-2　静止膜電位

(1) ニューロンの静止時にはポンプ（ナトリウムカリウムポンプ）が細胞内のナトリウムイオン（Na^+）を外に出すことで細胞の内外に電位差が生じ、外側が＋、内側が−となっている。これが静止膜電位である
(2) ニューロンになんらかの刺激が加わると、閉じていたナトリウムチャネルが開き、細胞内にNa^+が流入するため内外の電位が逆転する。これが活動電位である。活動電位は次々とニューロンを伝わって情報を伝達する
(3) 活動電位が生じるとNa^+はすぐに閉じられ、閉じていたカリウムチャネルが開いてカリウムイオン（K^+）が細胞外に流出する。これによって細胞の内外の電位差は静止膜電位に戻る

特徴が備わっている。情報を受け取る突起（樹状突起）と、情報を送り出す突起（軸索）をもっていることである。樹状突起は細胞体（細胞の中心部）から複数出て、さらに枝分かれしている。軸索（アクソン）は細胞体から出るときは1本だが、分枝して他のニューロンの樹状突起や細胞体に接している（図1－3）。

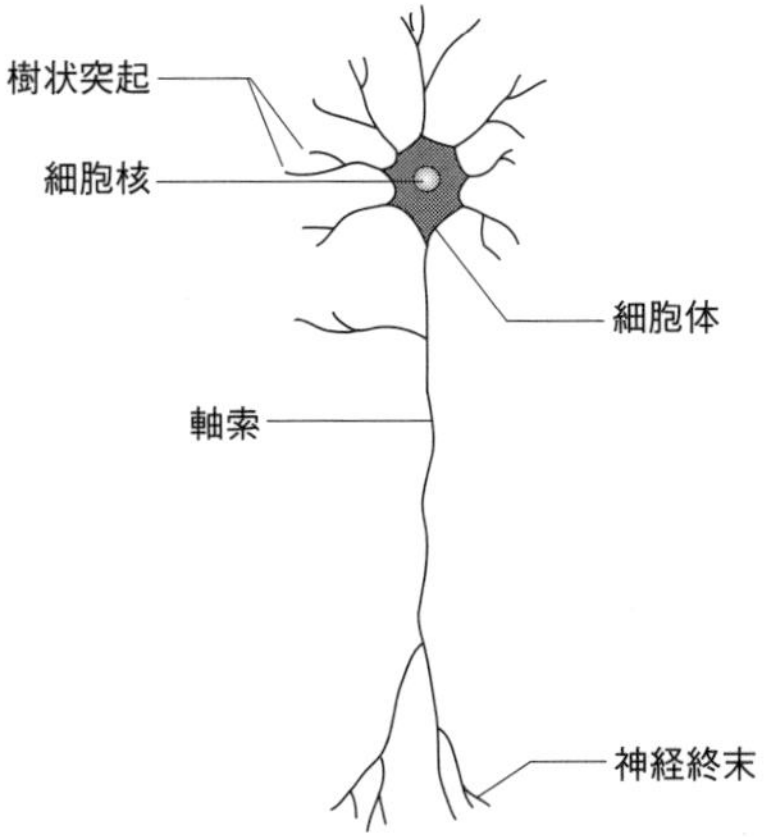

図1-3　ニューロンの構造
樹状突起が情報を受け取り、軸索が情報を送り出す

ヒトの脳の中で、もっとも精緻な構造をもっているのは、大脳皮質である。この部分は6層構造になっており（図1－4）、約140億のニューロンが存在している。それぞれのニューロンは他のニューロンから少なくとも数千個から数万個におよぶ入力を、シナプスを介して受けている。しかも、それぞれのシナプスは、常に伝達効率を変化させることのできるマイクロプロセッサーのような働きをもっている。

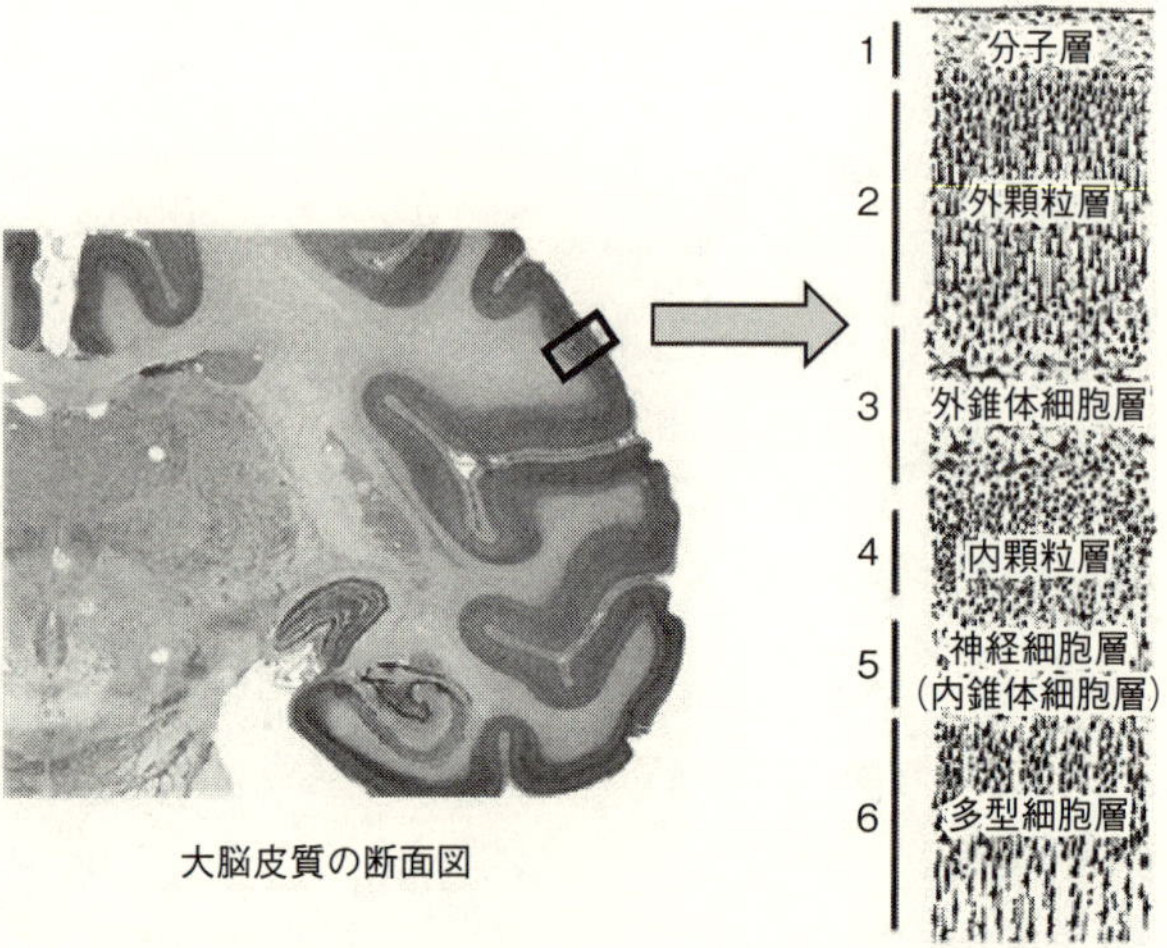

図1-4　大脳皮質の6層構造

それぞれの層は細胞の構成が異なっていて、それぞれが異なる機能に対応している

また、脳全体も、階層構造をもっている。

もっとも内側には脳幹と呼ばれる構造がある（図1－1参照）。これは脊髄と連続しており、下から延髄、橋（きょう）、中脳となる。脳幹は生命維持装置のような働きをしており、循環や呼吸の中枢があるほか、覚醒の制御もおこなっており、また自律神経の制御や、行動の制御にかかわるさまざまなシステムをもっている。

そして、中脳と連続して脳のもっとも深部に位置するのが、生体の恒常性を統御する視床下部である。

大脳皮質の構造

脳は基本的に、新しい機能をもつ組織を外側に「増築」していく形で進化してきた。したがって、表層に近いほど進化的に新しく、また高次の機能をもっている。もっとも外側に位置する、つまり、もっとも進化的に新しい部分が、大脳皮質である。

脳の機能は部位別に役割分担がなされていて、これを脳の「機能局在」と呼ぶ。大脳皮質もまた、部位によって特定の機能を担っている。最外層の大脳皮質は、大脳全体を覆っている。大脳皮質には、よく知られているようにたくさんの「しわ」があり、これを脳溝という。脳溝は限られた容積の頭蓋骨のなかに、大きな表面積の大脳皮質をおさめるための構造である。このしわを伸ばせば、表面積は約1600㎠ほどになる。ほぼ新聞紙1枚を広げたほどの面積である。厚さは場所によって異なるが、1・5㎜から4・5㎜ほどである。

哺乳類の大脳皮質は、左右の大脳半球に分かれており、さらに前頭葉、頭頂葉、側頭葉、後頭葉の4つに大きく分かれている（図1－5）。ドイツの神経科学者コルビニアン・ブロードマン（1868～1918）は、組織学的な特徴から、大脳皮質を1から52の領域に分けた。これらは、構造上の特徴によりつけられた区分であるが、機能ともよく相関しており、「ブロ

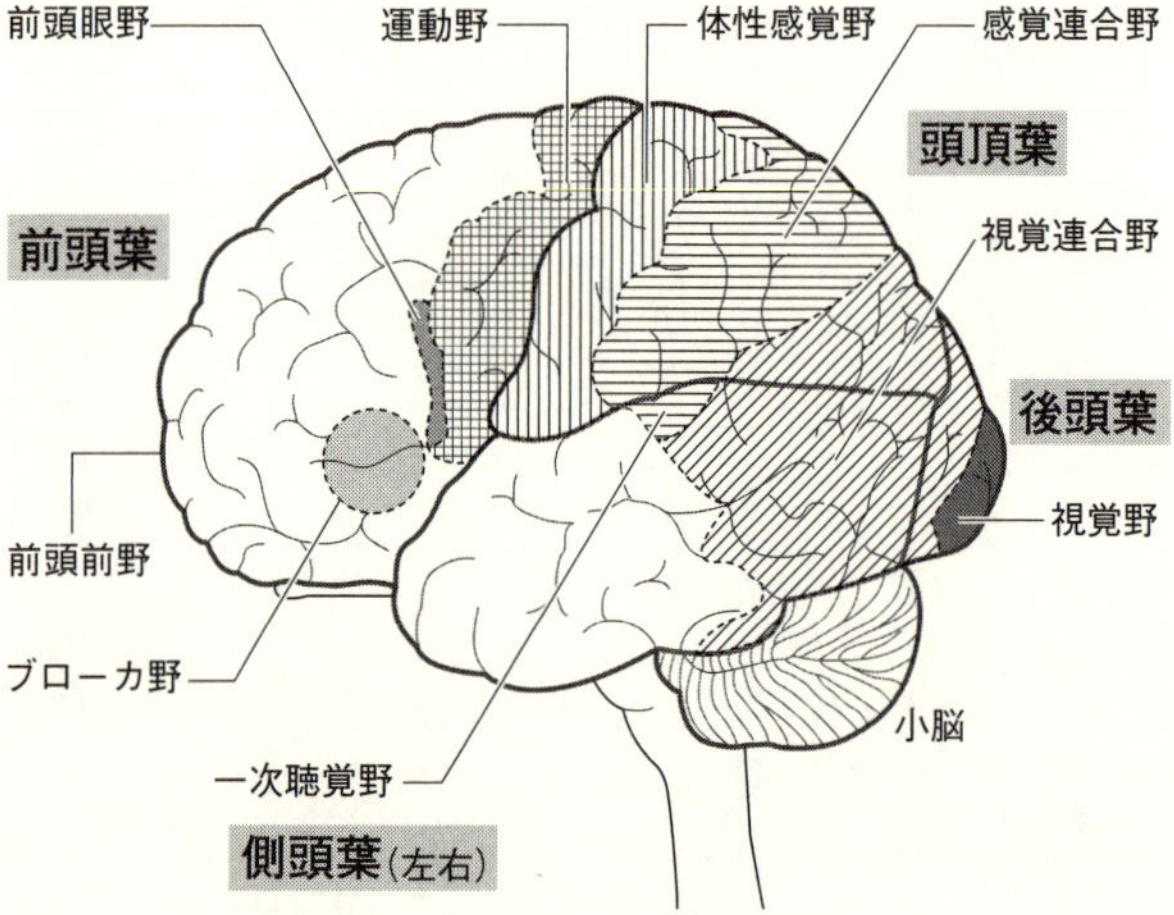

図1-5　大脳皮質は4つに分かれている

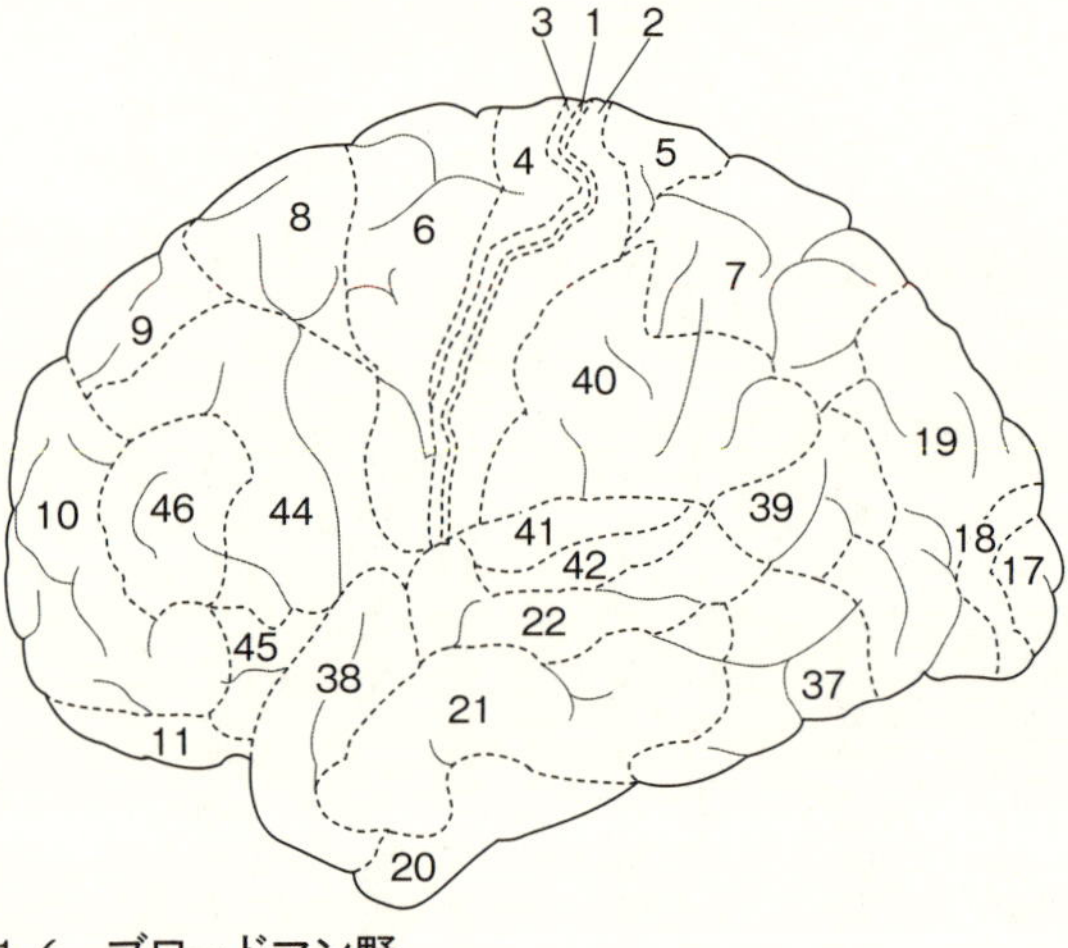

図1-6　ブロードマン野
大脳皮質は構造的な特徴から52の領域に分けられる

ードマン野」と呼ばれている（図1－6）。たとえば、ブロードマン3、1、2野は頭頂葉に位置しており、一次体性感覚野といって、身体のさまざまな感覚の処理に関わっているし、ブロードマン4野は一次運動野であり、全身の筋肉を動かすことに関わっている。

脳は身体の大きさが大きいほど大きい。たとえば、マウスの脳は2gほどにすぎないのに対し、アフリカゾウの脳は4kgほど、マッコウクジラの脳は8kgほどになる。

ただし、脳の大きさは必ずしも知能と関係するものではない。身体が大きくなると、処理すべき情報が多く入ってくるようになり、また、筋肉を動かす命令を多く出さなければならないから、必然的に脳は大きくなる。ヒトが高い知能をもつに至ったのは、その脳の大きさ以上に、新しい構造を著しく発達させたことによる。つまり、ヒトでは前頭前野と頭頂葉下部の皮質構造が異常に発達しているのである。

前頭前野は、論理的な思考や、意欲、未来を予測する能力などにかかわり、頭頂葉下部は、空間を理解する能力にかかわる。これは、頭の中で立体を回転させたりすることができる能力と思っていただければわかりやすいだろう。

また、大脳皮質には、機能的にユニットと考えられるコラム構造（円柱構造）がある（図1－7）。前述の6層構造は、表面に平行な構造であるが、表面に垂直な構造がコラム構造であ

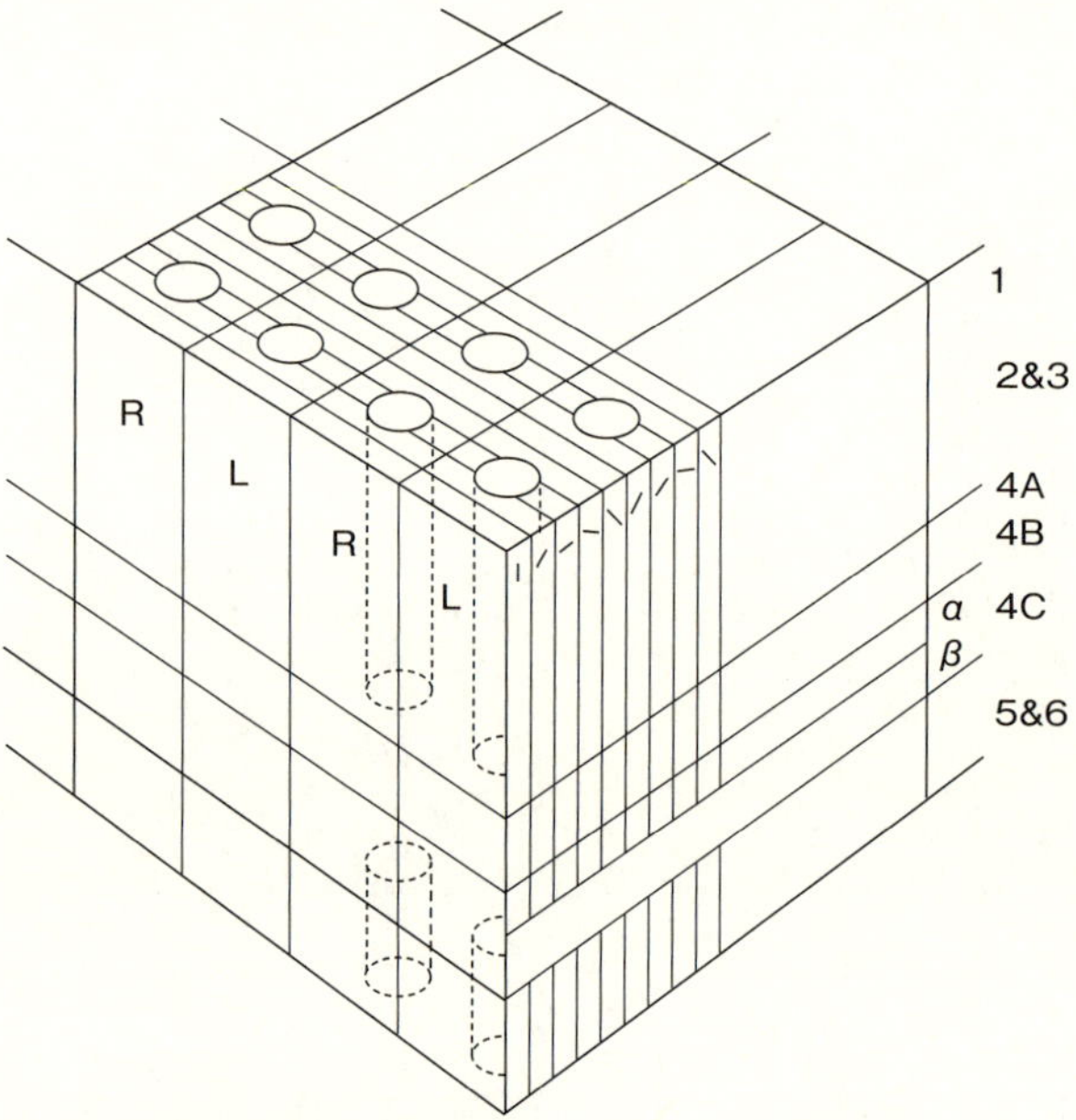

図1-7　大脳皮質のコラム構造

一次視覚野のコラム構造の模式図。R、Lはそれぞれ右目、左目から情報を受け取る領域。これと直交して方向を感じるコラムが並んでいる

る。コラム構造は大脳皮質のさまざまな部分にみられ、ある特定の情報を処理するためのモジュールであると考えられている。一つのコラムには数万個のニューロンが含まれており、それぞれが特定の機能を担っている。コラム構造は、とくに視覚情報が最初にたどり着く一次視覚野でもっともくわしく調べられている。

脳の「機能局在」

基本的に、全身の左右と、脳の左右の半球との関係性には、原則がある。左半身の感覚は右半球（の頭頂葉）が、右半身の感覚は左半球（の頭頂葉）がまず処理をする。また、左半身の筋肉を動かすのは右半球（の前頭葉）であり、右半身の筋肉を動かすのは左半球（の前頭葉）というかたちをとり、情報の入出力は交叉（こうさ）している。

そして大脳皮質には、明確な機能局在がある（図１－８）。たとえば前頭葉の後ろ側（ブロードマン４、６野）には運動をつかさどる領域があり、その前側には脳全体の機能を統括する前頭前野がある。頭頂葉の前部には体性感覚に関わる領域（３、１、２野）があり、後頭葉には視覚に関わる領域（17、18、19野）が、側頭葉には聴覚に関わる領域（41、42野）がある。

こうした機能局在は、ほかの臓器にはあまりみられない脳特有のものだ。したがって、特定の部位に障害があると、その部位の機能に対応した症状が現れる。たとえば、左半球のブローカ野（ブロードマン44野）と呼ばれる前頭葉の一部（運動性言語中枢）に障害が起こると、言葉を聞いたり読んだりして理解することはできるのに、意味のある言葉を自発的に話すことができない「運動性失語」という症状がでる。後頭葉と側頭葉のある場所が障害されると「相貌

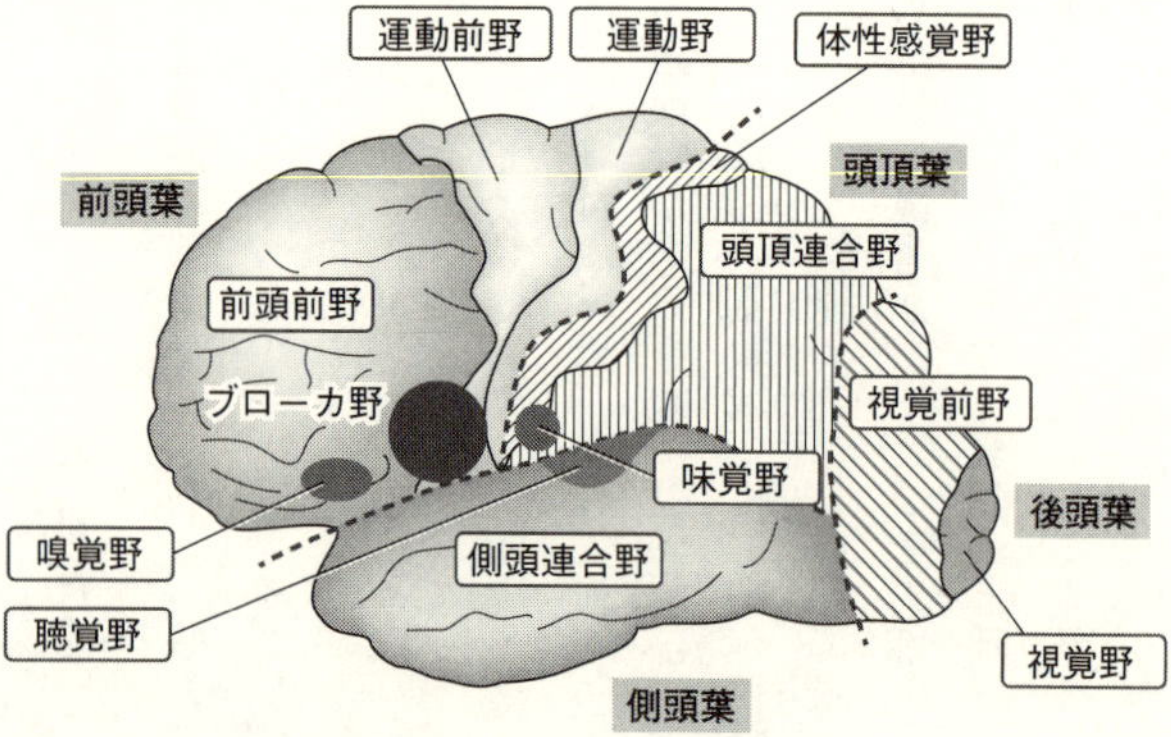

図1-8　全身の左右と脳の左右半球の関係

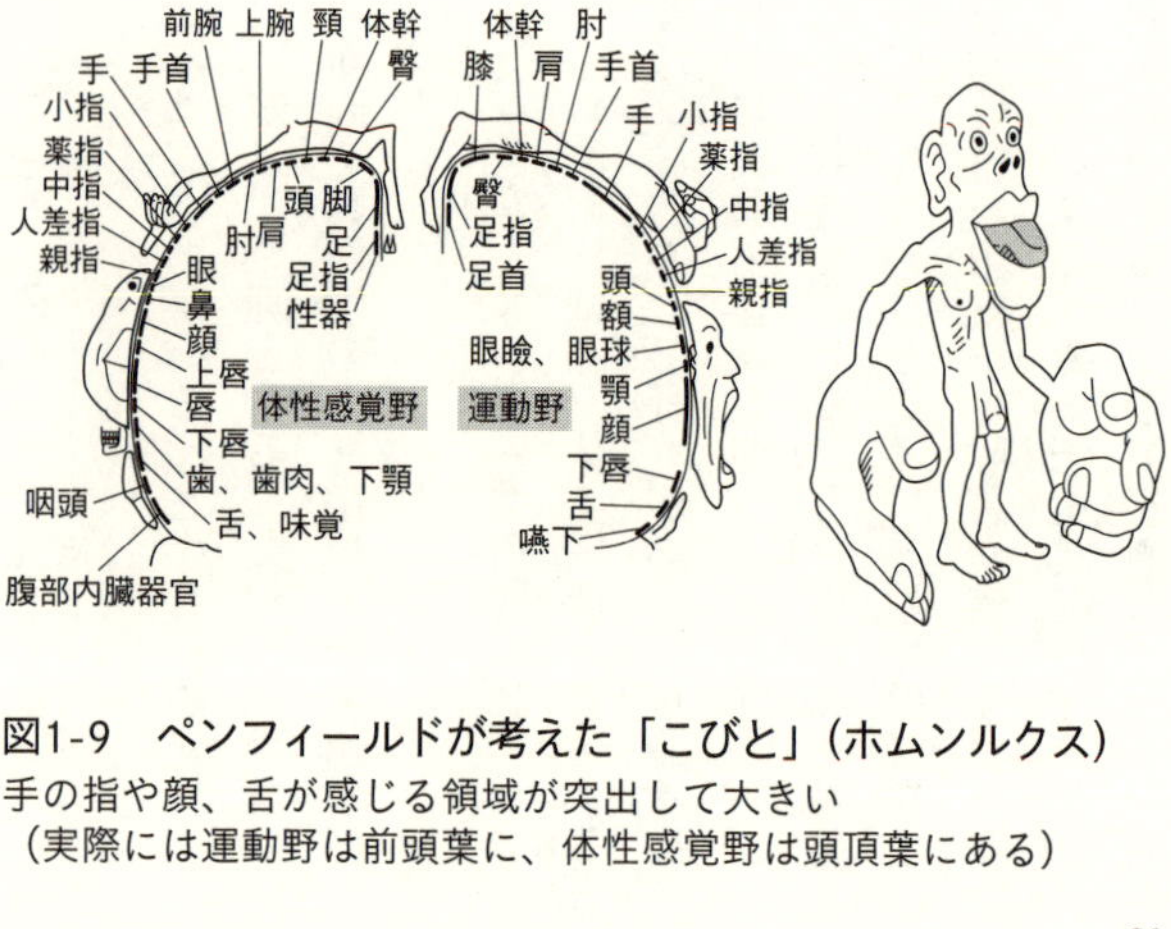

図1-9　ペンフィールドが考えた「こびと」(ホムンルクス)
手の指や顔、舌が感じる領域が突出して大きい
(実際には運動野は前頭葉に、体性感覚野は頭頂葉にある)

失認」といって、ほかの認知能力や視力にはまったく問題がないのに、人の顔を区別することだけができなくなったりする。脳とは、さまざまな種類の情報処理をするモジュールを組み合わせたものなのである。

かつてカナダの脳神経外科医ワイルダー・ペンフィールド（1891〜1976）は、てんかん患者を手術する際に、切除部位を決定するために患者の大脳皮質を電気刺激し、運動野や体性感覚野と身体の各部との対応関係を調べた。運動野のどの部分を刺激すると身体のどこが動き、感覚野のどこを刺激するとどの部分を触られているように患者が感じるか、といった対応を調べて記載したのである。

その結果をもとに、ペンフィールドは「ホムンクルス」（こびと）という図を作成している（図１－９）。ホムンクルスの身体の各部分の大きさは、大脳皮質の一次体性感覚野で、その部分に相当する領域の面積に対応するように描かれている。大脳皮質の面積と、それに対応する部分の身体の面積は、比例関係にはなく、部位によって、使われる大脳皮質の面積は大きく異なっていた。たとえば、指は大きく長く、顔や舌も異常に大きい。指や舌は感覚が鋭敏でたくさんの感覚器官があるので、それを扱う大脳皮質も広い面積が必要なのだ。ただし、身体で隣接している部分は、大脳皮質でも隣接するように配列されている。

特徴的な大脳皮質の情報処理

大脳皮質がおこなう情報処理のしかたの特徴として、ものごとをバラバラの要素に分解して、処理・記憶するということがある。

たとえば、視覚野を例にとってみていこう。みなさんは、眼球がカメラのような構造をしているのはご存じだと思う。では、網膜に映った像はどのように処理されているのだろう？

映った像がそのまま脳に投影されると考えている方も多いだろうが、実はそうではない。左右の眼球からの入力は「半交叉（はんこうさ）」という方式で、外側膝状体（がいそくしつじょうたい）という部位を経由し、左右の大脳半球の後頭葉にある視覚野に到達する。このとき、左側の「視野」は右の脳に、右側の「視野」は左の脳に入る。ここで注意すべきなのは、左目からの情報が右に、右目からの情報が左に入るわけではない、ということだ（その意味で、前に述べた「身体の左右の情報は交叉してそれぞれ脳の右半球、左半球に入る」という原則は視覚野にはあてはまらない）。

右目にも左目にも、それぞれに、右視野と左視野がある。つまり、右網膜の左半分と、左網膜の左半分（ともに右視野）の情報は両方とも、左の脳の一次視覚野に到達する。それぞれの視野の情報が途中で、脳の左半球と右半球に分かれて入力されるわけだ（図1－10）。これを

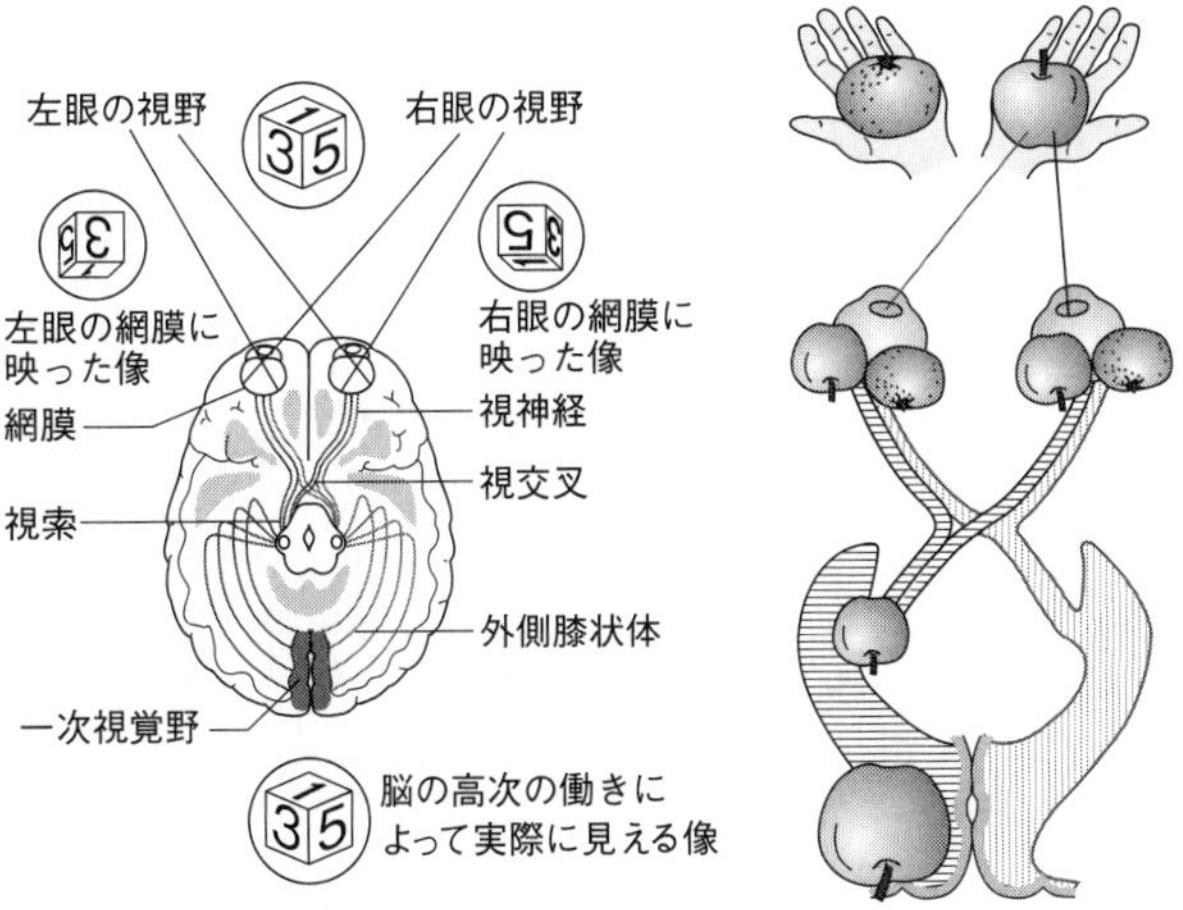

図1-10　視覚の半交叉
左右の視野の情報は半分に分けられて左右の脳半球に入力される

踏まえて、視覚野の構造について少しくわしくお話ししたい。

一次視覚野は視覚情報が最初に処理される脳の領域であり、後頭葉の内側面に存在する。ここに入ってきた情報は、そのまま視覚として脳に投影されるわけではない。視覚情報は、まず眼球のレベルで高度に分解されるのだが、そのあと、この一次視覚野でも、要素別にバラバラに分解されてしまう。ここでいう要素とは、線分の傾き、色、明るさ、コントラストなどだ。

ここで一次視覚野の驚くべき構造をみてみよう。そこには、先に述べたコラム構造が、実に整然と並んでいる。まず、右の眼球からの情報を処理するコラムと左の眼球からの情報を処理するコラムが交互に並んでいる。左の視覚野だったら、左右の網膜の左半分からの情報が入ってくることを思い出してほしい。コラムは右目、左目、右目、左目……と、交互にずっと並んでいるのである。

これをX軸とすると、Y軸上には「方位優位性コラム」の整列が見られる。これは線分のいろいろな傾きに対応するコラムである。さらに、これらのコラムの整列の中には、チトクローム酸化酵素を多く含んだ「ブロブ」と呼ばれる斑点状の構造があり、それらの中のニューロンは、色や明るさの違いに反応する。

このように視覚野は、視覚情報をまず、線分の傾き、色、明るさ、どちらの目から入ってきた情報なのか……などさまざまな要素に分解して、別々のコラムで処理しているのである。こうしてデジタル処理されたそれぞれの情報は、高次視覚野（視覚連合野）で再構成される。つまり、私たちが最終的に「見た」と認知しているのは、脳内でつくりだされたイメージなのである。

そうであるならば、私たちが見ているのは脳がつくりだしたバーチャルリアリティであるという言い方もできる。

「いや、そんなことはない。私が見ているものは確かにそこにあるじゃないか！」

と反論する人もいるかもしれない。そこで、色について考えてみてほしい。色とは、素材がどのような波長の光を反射しやすいか、あるいは逆に吸収しやすいかで決まる。つまり網膜に入ってくる光の波長が色である。これは光の物理特性であって、そのような物理特性を脳が「色」として感じてはじめて、色になるのだ。

つまり、われわれの脳が感じないかぎり「色」というものは存在しない。色は脳がつくりだしたものなのだ。われわれの感覚世界は、たしかに現実に起きているものが材料になってはいるが、それらを脳によってわかりやすく加工した情報だ。このことは、かのガリレオ・ガリレイがすでに17世紀に見抜いていた。彼は次のようにのべていた。

味、におい、色などは意識の中だけに存在する。だから、もし生物が存在しなければ、そのような感覚はすべて消えてなくなるであろう。

ほかの感覚も同様だ。味や匂いは化学感覚であり、特定の化学物質を生物が感知した結果、脳の中に生まれる特有の感覚であるし、音もまた、空気の疎密波を生物がとらえた結果として生じる感覚であり、生物なくしては存在しないものなのである。

私たちの脳は、私たちが置かれている環境に関する情報を、感覚系を通してリアルタイムでモニターし、処理している。そして脳内に世界を構築しながら環境を理解しているのだ。これらの機能がすこしでもおかしくなれば、世界を正しく理解できなくなり、幻覚や幻聴を体験したり、妄想をしたりするようになってしまう。実際の世界に存在するリアルの情報を材料に、正しく世界を脳内で構築できているからこそ、私たちは他者と世界のあり方に関するヴィジョンを共有できるのである。脳がつくりだした世界と、実際の世界がうまく対応するのは、生物がそのように学習したからなのだ。

前頭前野の機能

前述のように、視覚をとりあつかう領域は脳の後頭葉に存在するが、聴覚や嗅覚、味覚は側頭葉に、体性感覚（痛覚や触覚、四肢が身体のどこにあるかなど身体に関する感覚）は頭頂葉に存在する領域がそれぞれ処理している。感覚系から得た情報はやはり、物理的な要素ごとにバラバラにされ、脳内で再構築されている。

このように別々の部分で処理されたさまざまな感覚はみごとに統合されて、対応する実際の外界の様子を脳内に描き出している。私たちは日常、とてつもない量の情報を脳で処理している。それらは、生活環境から感覚系を通して入ってくる情報である。感覚系からの情報が脳で処理されることで私たちは、いまがいつで、そこがどこで、まわりで何が起こっているのかを理解しながら生活することができるのだ。

こうした、さまざまな種類の情報を最終的に統合する作業はおもに、前頭葉のうち、その前方にある前頭前野で行われている（前頭葉は前頭前野と運動機能に関わる運動野からなる）。五感からバラバラに入ってくる情報を前頭前野が整理して、いま起こっている現実を「構築」しているのだ。先に述べたように、私たちが見たり聞いたりしていることはすべてバーチャルリアリティであるともいえる。つまり、私たちが「リアル」な外界として認知しているこの世界は、前頭前野がわかりやすい形式で解釈した結果ともいえるのだ。

生物は感覚を通してさまざまな情報を受容しているが、その中でとくに重要な情報を優先して処理する機能をもっている。これを「注意」と呼んでいる。

注意は、特定の対象を能動的に選択して優先して処理をする機能であり、前頭前野が感覚野に命令を行うことによってなされている。たとえば視覚であれば、第四次視覚野に命令を送り、対象をより精細に見ることを可能にする。

また、前頭前野には「ワーキングメモリー＝作業記憶」という機能があり、この世界のあり方をほぼリアルタイムで理解し、思考することを可能にしている。さらに前頭前野は「メタ認知」という機能をもっている。これは、自分がいま、「何かを認知しているということを認知する」機能であり、いまこのときの自分の思考や行動を客観的に理解し、自分自身の思考や行動を把握する能力である。

このように私たちは、大脳皮質、とくに前頭前野の機能をつかって、世界の状況をほぼリアルタイムに理解するのみならず、自分自身の状況をも、その思考や認知を含めて理解しながら生活している。

さらにまた、前頭前野には「未来をシミュレートする」という重要な機能がある。みなさんは、実際に何かを経験する前に、「こういうことをしたら危ない」とか、「このようにしたらよいだろう」と頭の中で想像することができるだろう。たとえば料理をするときに、この材料にこれを組み合わせたら美味しくなるだろうとか、逆に、これにあれを加えたら、不味いだろう、などと想像することが可能だろう。日常のあらゆる場面で、このように未来を想像しながら生活しているはずだ。これは「実行機能」と呼ばれる、前頭前野が担っている重要な機能であり、目標志向的な行動を支えている。この機能はヒトの脳においてとくに著しく発達している。

共感性や社会性について

ヒトには、他者の立場に立って考えることができるという能力がある。それは他者と話しているとき、「この人はいま、このように考えているはずだ」と理解する能力、あるいは、他者どうしのコミュニケーションを観察して、その人たちがどのように考えているかを理解する能力である。この能力があるから、うなだれている人の背中を見て「悲しそうだな」と感じたり、ドラマのなかの登場人物に感情移入したりすることもできる。

相手の立場に立つ能力は、ゲームなどの戦略を考えるときに、相手の出方を考えるためにも必要だし、他者に共感するためにも必要な、社会に生きるうえで必須の機能である。もしこの能力がなかったら、小説やドラマを見てそれぞれの人の「こころ」や考え方を理解することはできないだろう。また、裁判官や陪審員になって、被害者や加害者の立場から物事を考えることもできないだろう。それはヒトという社会的な動物が、他者とのコミュニケーションを円滑におこなうために進化の過程で獲得してきた能力であり、ヒトの「こころ」を考えるときに絶対にはずせない機能といえるだろう。

側頭葉と頭頂葉の接合部（側頭頭頂接合部）に存在するとされている、この他人の「ここ

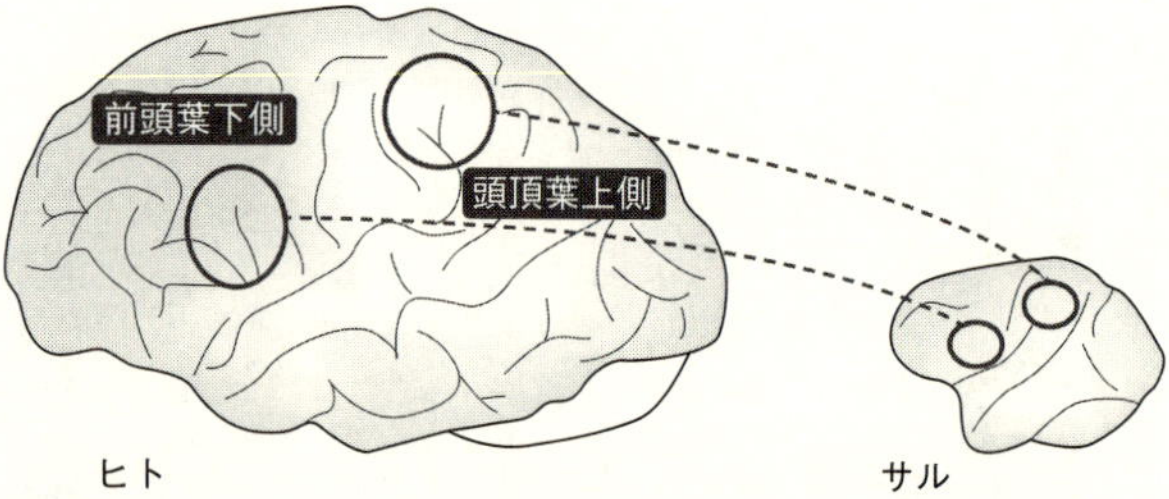

図1-11　ミラー・ニューロン
他者の行動を見て、自身が行動したときと同じ部位が活動する

ろ」を理解する能力は、3歳以降、9歳くらいまでの間に発達していくと考えられている。また、この機能がうまく働かない障害のひとつに、自閉症スペクトラム障害（ASD）として知られる病態がある。

他者への共感性ということに関連していえば、「ミラー・ニューロン」と呼ばれるユニークなニューロンの存在も知られている（図1－11）。

パルマ大学のジャコモ・リゾラッティらは、自分が何らかの行為を実行するときにも、他者が同じ行為をするのを「観察」したときにも、同様に活動するニューロンをサルの腹側運動前野および下頭頂小葉という部分で見いだした。たとえば、研究者が手で物をつかむ行為をサルが観察したとき、サルには、自身が手で物をつかむ行為を実行したときと同じように活動するニューロンがあったのである。ヒトの脳でも、同じ部位にそうしたニューロンが見つかっている。これがミラー・ニューロンである。

ミラー・ニューロンは他者の行為を観察者の脳内に映し出すかのように活動しているが、それればかりではなく、同じ行為に関連する他の刺激、たとえばピーナッツの殻を剝くという行為を観察しているときに活動するミラー・ニューロンが、ピーナッツの殻を剝くときに生じた音を聞いているときにも活動する。行為の途中で目隠しをしても、他者がその行為をしていることを予測できれば活動する。さらには手を使った行為だけではなく、全身の他の部位を用いた行為や、顔の動きにも反応する。こうしたミラー・ニューロンは、他者の行為の意味や意図を理解するために機能していると考えられている。

このようなニューロンが存在することからも、「共感」という機能はヒトにおいては必須のものであり、「こころ」を考えるときに不可欠な要素であるといえる。

「こころ」は脳のどこにある？

ここまで述べてきたのは、脳のなかの「大脳皮質」での情報処理のしかたである。前述のように、脳は進化的に内側から外側に新しい組織を「増築」する形で進化してきた。大脳皮質は脳のいちばん外側にある、進化的にはもっとも新しい部分であり、大量の情報を速く処理することができる。それでは、「こころ」は大脳皮質にあるのだろうか？

いや、実は本書でこれから述べていくように、「こころ」の核心の部分は、脳のもっと古い部分にあると言ってもよい。先ほど述べた「共感」も、大脳皮質だけではなく、脳の深部にある構造との共同作業によって同情や反感（怒り）などの感情的側面をともなうものとなることではじめて、完成したものになるのだ。

進化論的には、原始的な動物にも「こころ」の原型は見られる。下等な動物でも身体が傷つくような刺激からは逃れるだろう。これは、「いやだ」という感情、つまり嫌悪感の原型と言っていい。そして、餌のような報酬にありつけるという情報があれば、それに向かっていくはずだ。これは「喜び」の原型と言えるはずである。このように、大脳皮質がほとんど発達していない下等動物にも「こころ」の原型は見られるのだ。

次の章からは、「こころ」をつくる重要な要素「感情」をつくっている脳の機能について見ていきたい。

第１章のまとめ

1　脳において大脳皮質は情報量の大きな情報を速く処理するために、「後づけ」で増築された演算装置である。

2　大脳皮質は感覚情報を要素ごとに分解してデジタル的に処理し、それを脳内で再構成している。

3　人の脳は前頭前野がとくに発達しており、感覚情報の統合的理解、認知、未来予測などに関与している。

4　ヒトに備わった、他者の立場に立って考え「共感」することができるという能力は、「こころ」を考えるうえで欠かせない機能である。

第2章 「こころ」と情動

人は心が愉快であれば
終日歩んでも嫌になることはないが、
心に憂いがあればわずか一里でも嫌になる。
―――ウィリアム・シェイクスピア

「こころ」をつくる要素として、「感情」は不可欠の要素であろう。それでは、感情とは何だろうか？　感情と似た概念に「情動」というものもある。この章では、感情と情動について、その概念を見直すところからはじめてみたい。

情動は感情の客観的かつ科学的な評価

まず「感情」というものを考えてみよう。私たちは日々、さまざまな生活環境において、いろいろなことを感じながら生きている。ときに悲しみ、喜び、ときに怒り、妬み（ねたみ）もする。その姿、つまり行動や表情を見れば、その人の感情がどのようなものか、第三者にもある程度の推測はできる。だが、正確に感情を察することは、第三者には至難の業だろう。

感情には、喜び（pleasure）、高揚（elation）、多幸感（euphoria）、快感（ecstasy）、悲しみ（sadness）、落胆（despondency）、鬱（depression）、恐怖（fear）、不安（anxiety）、怒り（anger）、敵愾心（てきがいしん）（hostility）、穏やかな気持ち（calm）などがある。さらに、これらがいろいろな割合で入り混じった、非常に複雑な心理的状態もある。悲しみに喜びが同居することだって決してまれではない。当人でなければ、現在の感情がどんなものか本当のところはわからない。いや、当人ですら、自分の感情を理解できていない場合さえある。誰かが自分の複雑な感情を第三者に伝えるのは、単純な言葉だけでは無理だろう。心情やそれにまつわる複雑な背景をなんとかして伝え、感情を共有しようとして、人は膨大な努力をしてでも文学などの芸術作品をつくるのだから。

しかし、科学の視点で感情を解析するためには、第三者が客観的に、対象となる動物やヒトの「こころ」の動きを観察し、シンプルに記載し、さらに他者に伝達し、共有できる概念として扱うことができなければならない。科学者、研究者の間で共有可能な概念として正確に扱うことができなければ、感情という機能を「科学する」ことはできないからだ。このように感情を客観的に評価して記載するための概念が「情動」である。

情動の研究を行うためには、ヒトだけではなく、動物を対象に実験を行う必要もある。動物を観察することによって、その情動を記載する必要もある。たとえば不安や、恐怖、意欲などは、比較的わかりやすく、よく使われる研究対象となる。

情動＝情動体験（≒感情）＋情動表出（身体反応）

それでは、何を手がかりに、動物やヒトの感情を理解すればよいのであろうか？　まず、情動は行動や表情にあらわれる。対象となる動物やヒトの行動や表情は、情動を判断するための大きなヒントになる。また、心拍数や血圧、呼吸数、発汗などの生理的機能は、情動を推し量るうえで重要かつ客観的な指標である。情動が発動しているときには、それが喜びのようなポジティブなものでも、逆に恐怖のようなネガティブなものでも、多くの場合は、自律神経系の「交感神経」と呼ばれるシステムの機能を上昇させる。それが情動にともなう全身の変化を生むのである。

自律神経系にはほかに、おもに安静にしているときに働く「副交感神経」があるが、強い情動が発動しているときには交感神経系の働きが活発になる。交感神経系は心拍数の上昇、瞳孔の散大、血圧の上昇や発汗など、全身にさまざまな変化をきたす（図2－1）。いわば交感神経は身体を「臨戦態勢」にもっていくためのものである。

強い情動が発動しているときには、同時に、内分泌系にも大きな変化があらわれる。それが喜びのようなポジティブなものでも、恐怖のようなネガティブなものでも、「ストレス応答」と呼ばれる一連の反応が内分泌系に起こるのだ。

まず、脳の深部に存在する視床下部からコルチコトロピン放出ホルモン（ＣＲＨ）というホルモンが分泌され、これが下垂体前葉に働きかけて、副腎皮質刺激ホルモン（ＡＣＴＨ）とい

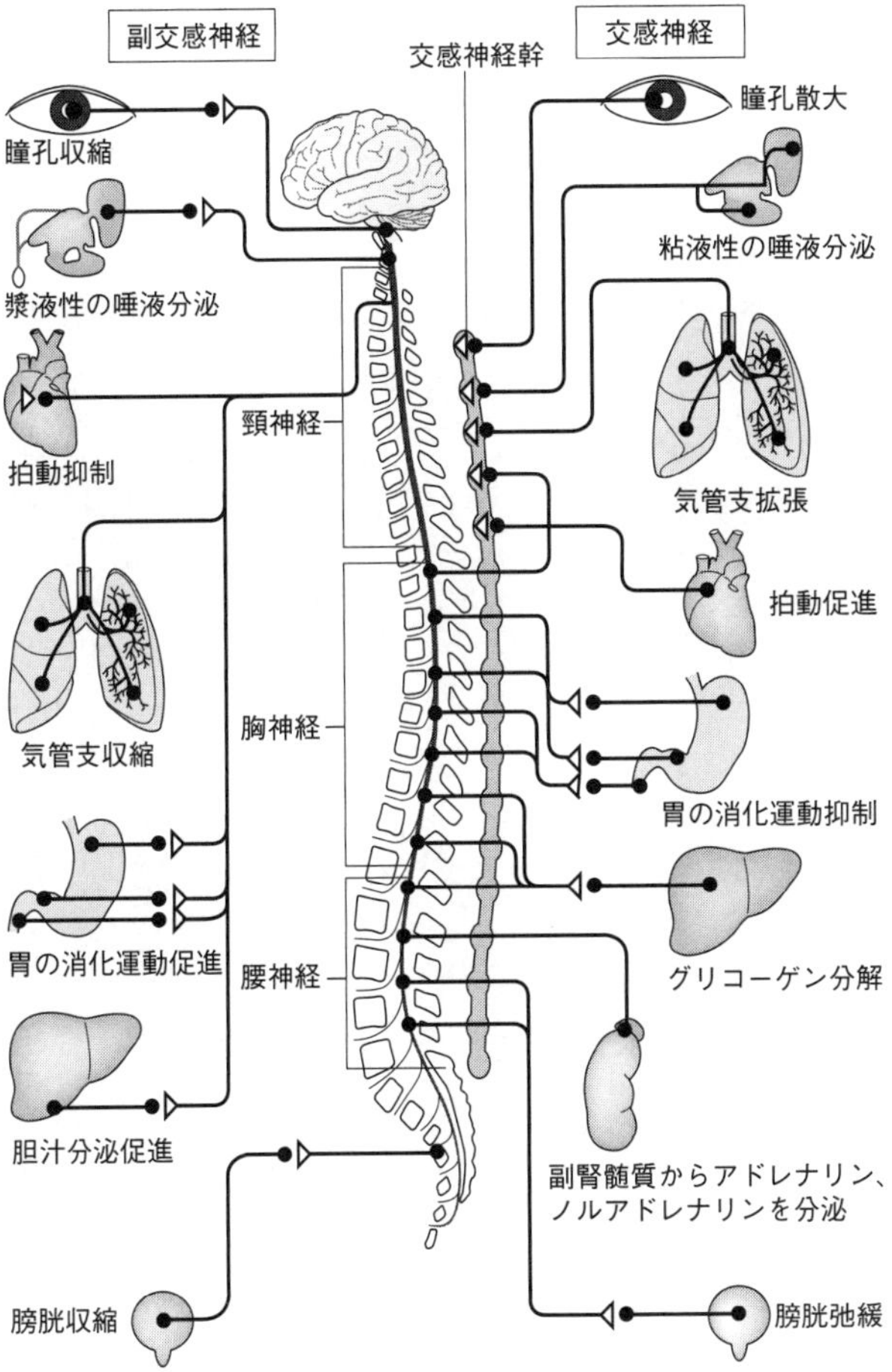

図2-1　交感神経と副交感神経の働きの違い

うホルモンが血液中に分泌される。ＡＣＴＨは副腎皮質に働きかけ、糖質コルチコイド（グルココルチコイド）というストレスに対抗するためのホルモン（ステロイドホルモン）を分泌させて、全身の機能、そして脳の機能や精神にも影響を与える。これがストレス応答である（図2－2）。

ストレスというと悪いもののようにとらえられがちだが、ストレス応答はポジティブな情動でも起こる。うれしいこともストレスの一種なのだ。なお、ヒトではおもな糖質コルチコイドは「コルチゾール」と呼ばれる物質である。

このように情動は、自律神経系および内分泌系を介して、全身の機能に大きな影響を与える。むしろ、全身の応答を含めたものが「情動」という概念であると考えたほうがいい。こうした生理的な変化は正確に測定可能な情報であり、行動の変化とともに、これらの変化をとらえることにより、客観的に動物やヒトの情動をとらえて科学的に記述することが可能になる。情動とは、行動の変化と全身の生理的な変化から、対象となる動物やヒトの感情を客観的かつ科学的に推定したものであるともいえる。

しかし、感情は情動よりも上位の概念であるとする考え方もある。たとえばリスボン大学の神経科学者アントニオ・ダマシオは、「感情は（情動よりも）高次の機能である」としてい

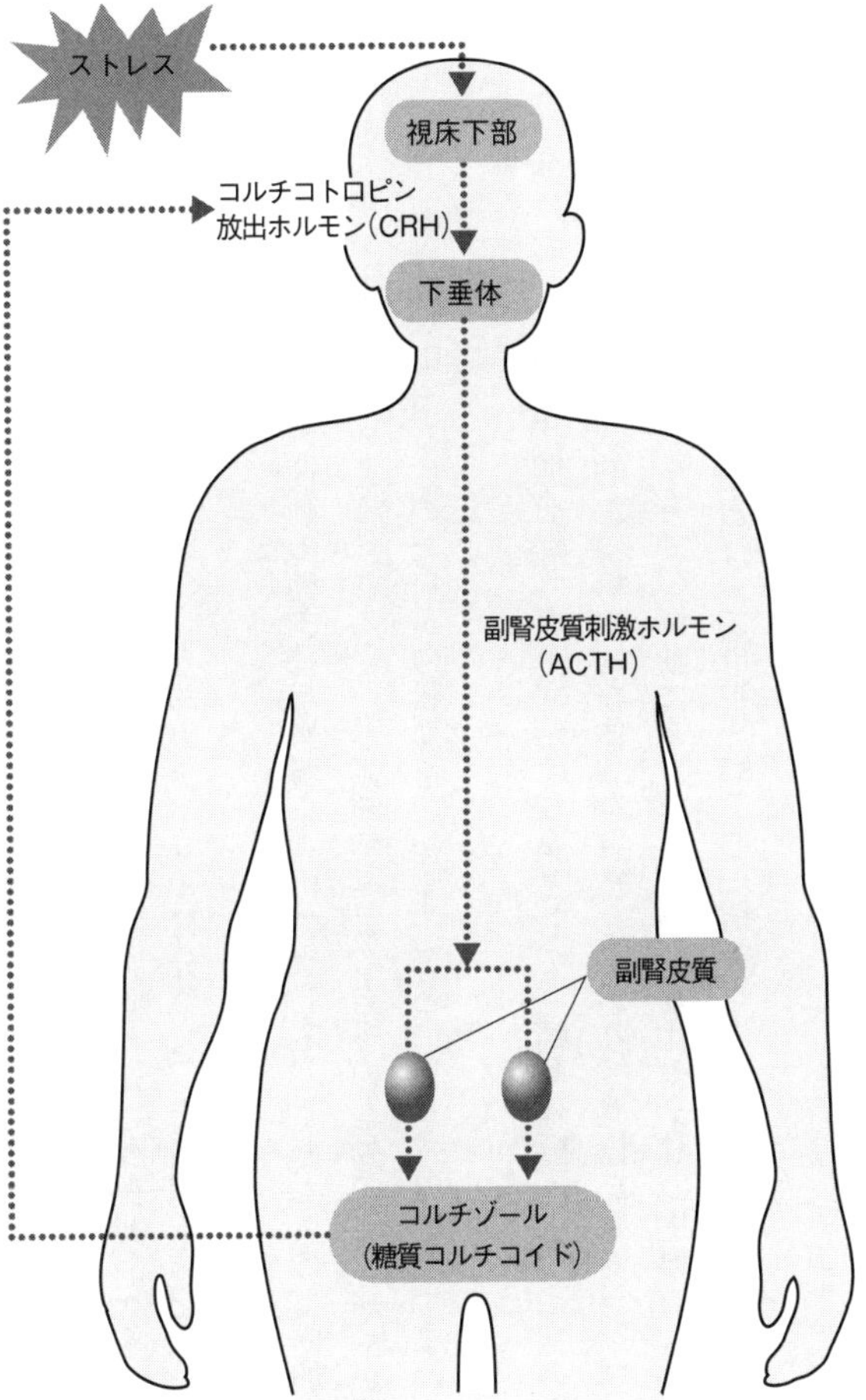

図2-2　ストレス応答の経路
ストレス応答は喜びなどのポジティブな情動でも、恐怖などのネガティブな情動でも起こる

る。ダマシオは、感情とは、思考や認知などと同様に、大脳皮質が関与する部分がより大きい、より複雑な機能であると考えた。言い換えれば、感情とは主観的なものであり、どちらかというと内的かつ主観的な精神状態を示す部分が大きいのに対し、情動は行動や全身の生理的状態から、精神状態を大雑把にいくつかのカテゴリーに分類し、その様子を記載したものであると考えたのだ。

ダマシオのいう感情は、情動の動きにも影響をうけて生じる、より上位の、内的な精神世界に属するものであるともいえる。ここに、前頭前野による自分の情動の「認知」が関与してくる。つまり、身体反応をも含めた自らの状態を認知することにより、感情が生まれるともいえる。

ある情動における精神状態を切り取って示す言葉として「情動体験」というものがある。これは、情動にともなう主観的かつ精神的な体験を意味しており、感情をよりシンプルに表現したもの、と言ってもよい。一方で、情動にともなう行動の変化や全身の生理的な変化を「情動表出」という。すなわち情動とは、「情動体験」と「情動表出」とを足しあわせたものということになる。

情動はどこでつくられる？

「こころ」はどこにあるのだろうか？ 現代を生きる私たちは、感情や記憶は脳がつかさどっているることを理解している。だが、過去の人々は、「こころ」がどこにあるか、さまざまな考え方をしてきた。

古代エジプト人は、心臓や子宮に「こころ」があると考えていた。中国の漢字で「心」とは、心臓の形をかたどったものとされている。感情が高ぶると、心拍数が上がり、心機能が高まるため、心臓の鼓動が強く感じられるようになる。「ドキドキする」状態である。だから、古代人が「こころ」は心臓にあると考えたのは自然なことであり、現在でも「こころ」を「心」と書くのは、その名残だろう。

一方で、古代アッシリア人は「こころ」が肝臓にあると考えていた。憂鬱のことを英語ではメランコリー（melancholy）というが、これは、古代医学の「四体液説」という学説に由来する「黒い胆汁」（メランコリア）の意味であり（melan＝黒い、cholē＝胆汁）、肝臓から分泌される胆汁が気質に関係するという考え方からきている。

脳が情動に関与することを最初に指摘したのは、ヒポクラテス（B.C.460頃～B.C.375

頃）である。彼は紀元前にすでに次のように述べている。

われわれはとりわけ脳によって思考したり理解したり見聞きしたりし、醜いものや美しいもの、わるいものやよいもの、さらに快不快を知るのである。

（「神聖病について」より）

一方、アリストテレス（B.C.384～B.C.322）は、思考と感覚をつかさどる器官は心臓であり、脳は血液の冷却器官であると考えていたし、さらに後世のデカルト（1596～1650）は、脳内にある松果体（しょうかたい）という内分泌器官が「こころ」の中枢であるとしていた。

「快・不快」というのは、これから見ていくように情動の核になる部分であり、そこに着目していたヒポクラテスは、まさに慧眼といえるだろう。

情動を発動する「中枢」が脳にあることは間違いない。しかし、前述のように、脳に端を発した情動は心臓をはじめとする全身に影響を与えるからこそ、昔の人々はこうした臓器に「こころ」があると考えたのであろう。

また、こうした末梢器官の機能変化は、逆に脳に影響を及ぼし、主観的な情動体験にも影響を与える。脳は、神経系や内分泌機能を介して全身と接続されており、ある意味、脳と全身はユニットとして機能しているのである。

このあたりについてはのちの章でまたくわしく見ていくが、現代の考え方としては「情動は脳で生成されるが、全身の器官も脳に情報をフィードバックして情動を修飾し、変化させる」と言ってよいと思う。したがって、末梢の臓器に「こころ」のありかを求めることも、完全に間違いと切り捨てることはできない。

言い換えれば、情動とは全身がつくりだすものであり、どこにその端を発しているのかという問いは、「ニワトリと卵」の理屈に近いものがあるのだ。

悲しいから泣くのか、泣くから悲しいのか

情動がどこに端を発するかについては、歴史的に有名な論争があった。

「感情は全身の状態を脳が認知することによって引き起こされる」とするジェームズ・ランゲ説（1890）と、「脳が情動をつくりだし、それが全身の状態に影響を与える」とするキャノン・バード説（1927）の間の論争である（図2-3）。

ウィリアム・ジェームズとカール・ランゲは、外界の何らかの情報がまず身体反応（心拍数

や血圧・呼吸数の上昇、発汗、ストレスホルモンの上昇など）を引き起こし、その変化を脳が察知することにより情動が生じるとした。ジェームズはその著書『情動とはなにか？』（1884）のなかで、こう述べている。

怖いから逃げるのではない。逃げるから怖いのだ。悲しいから泣くのではない。泣くから悲しいのだ。

彼はその根拠として、体調の変化が情動の変化を生むこと、たとえば酒に酔うと気分が大きくなったり、女性が性周期にともなって感情や行動が異なったりすることなどを例に挙げている。つまり、全身が反応している状態を脳が判断して、はじめて情動体験が生まれるとした。環境からの情報によってまず身体の末梢で反応が生じ、それを脳が察知することにより、情動体験が生まれるというわけだ。これを「末梢起源説」という。

対するキャノン・バード説は、情動は脳（中枢）に端を発し、身体の反応は脳からの信号を末梢臓器が受けとめて起こるとする説である。これを「中枢起源説」という。ハーバード大学の生理学者ウォルター・キャノンとその弟子であるフィリップ・バードは、次のように考えて

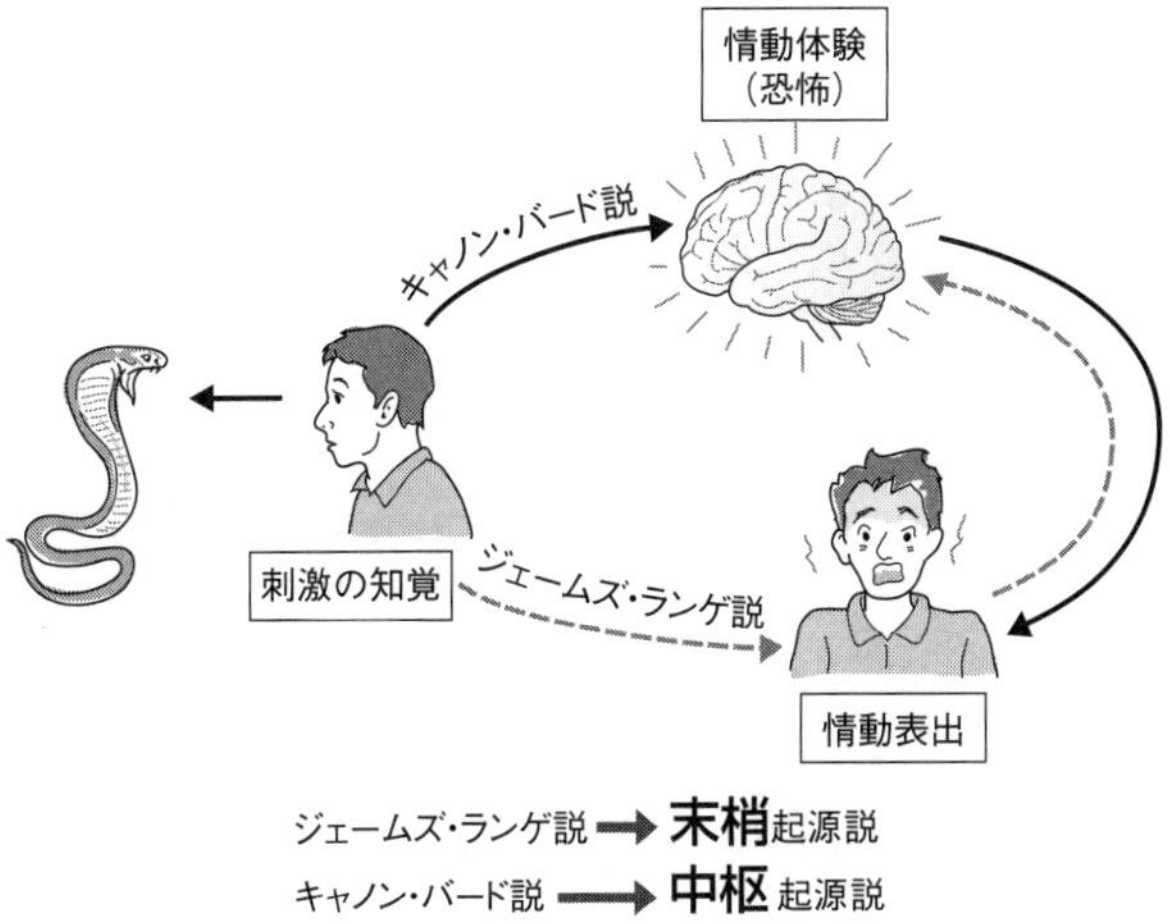

図2-3 ジェームズ・ランゲ説とキャノン・バード説の論争

ジェームズとランゲの説を強く批判した。「強い情動はその種類を問わず、同様な身体的反応をきたす。たとえば、強い恐怖も強い喜びも同じように、心拍数の上昇、呼吸数の上昇や発汗を生む。これらの変化が情動のきっかけだとしたら、脳は『喜び』と『恐怖』というまったく逆の情動を区別できないではないか？」

彼らは動物実験によって、脳に端を発した情動が情動表出（身体の反応）を生むことを、実験的に示そうとした。そのために、動物の脳と脊髄の間を離断して、感覚情報が脳に伝わらないようにして、それでも動物には情動がみられることを示した。また、内臓の情報は自律神経系を介して脳に伝わるが、こ

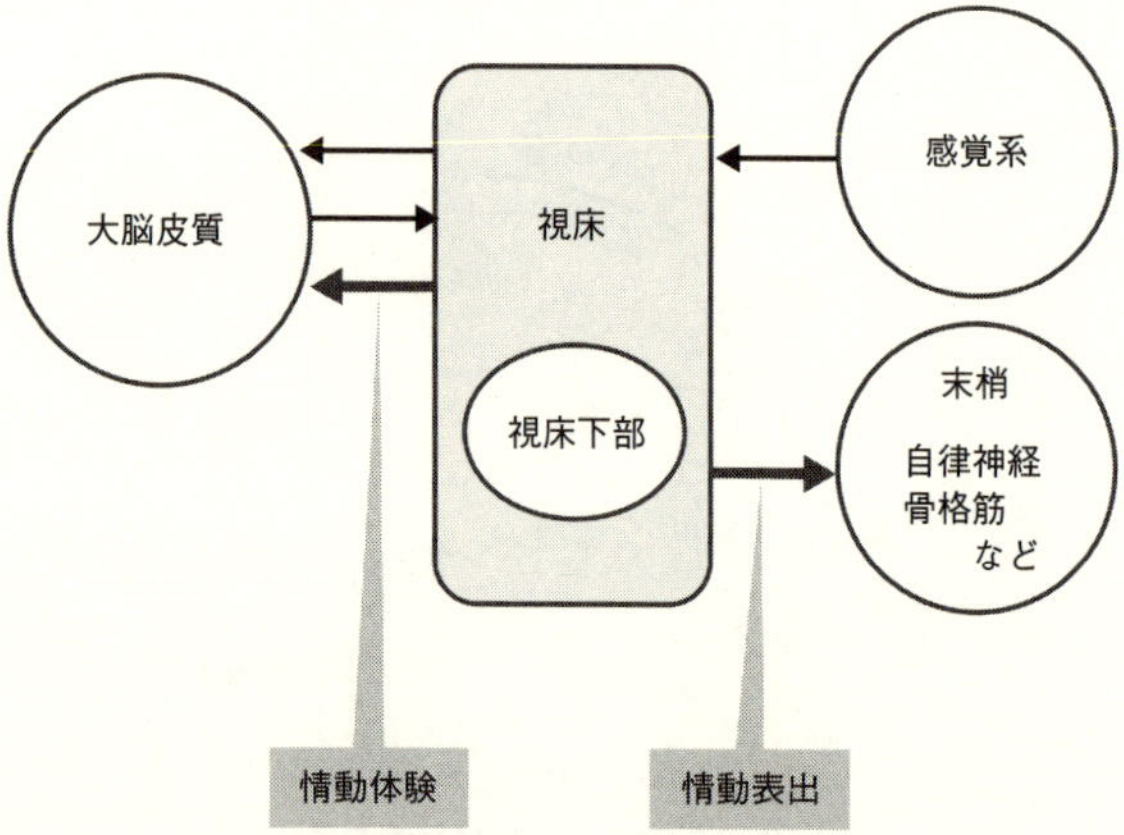

図2-4　キャノン・バード説による情動が生まれる経路
情動表出と情動体験が並列で起こる

れらの脳への入力を切断しても、動物は普通に情動を表出することを示した。

つまり、情動とは、たとえ脳が生理的変化や体内環境の変化を検知していなくても経験しうるものであるとしたのである。同様に、脊髄損傷の患者も健常者と同様に情動を感じることもキャノンは指摘している。

彼らは、知覚は感覚系から視床という部分を経て大脳皮質に伝えられて情報処理されたあと、再び視床に戻され、そこから末梢と中枢の2方向に情報が発信されて、情動表出（心拍数の上昇など）と情動体験（感情を知覚すること）を「並列に生む」とした（図2－4）。

また、大脳皮質を除去されたイヌは〝偽

の怒り〟と呼ばれる、攻撃をともなわない威嚇のポーズをすることが知られていた。キャノンはこれを発展させ、ネコの脳をさまざまな部分で離断して、情動表出を観察した。すると、大脳皮質、視床、視床下部の前部を除去しても〝偽の怒り〟が見られたが、視床下部をすべて除去すると、この行動が見られなくなった。このことから、視床下部の後部に情動表出をつかさどる重要な部分があり、その部分が情動をつくりだすという説を提唱した。

キャノンらによれば、大脳皮質からの信号は、視床を興奮させて情動体験を生むとともに、視床下部にも伝えられ、血圧の上昇や発汗など全身の変化を生む。つまり、「中枢」=「脳」が情動を生むというのである。脳が信号を送ることによって、情動体験と情動表出が並列的に起こるというわけだ。

前述のジェームズ・ランゲ説（末梢起源説）によれば、人は「泣くから悲しい」のであり、涙をこらえることができれば悲しくないはずであるが、キャノン・バード説（中枢起源説）では、悲しみを感じるために泣くことは必要ではない。情報が脳に伝えられた時点で、悲しみを体験していることになる。

さらに後年になると、末梢起源説と中枢起源説の二つを合わせた理論があらわれた。たとえば社会心理学者スタンレー・シャクターとジェローム・シンガーによって提唱された「シャクター・シンガーの情動の二因子理論」（１９６４）では、情動の成立には情動を引き起こす事象の認知のみでなく、それにともなう「身体反応の認知」が不可欠とされた。

彼らは被験者にアドレナリンという物質（副腎髄質から分泌されて血圧や心拍数を上昇させるホルモン）を投与し、怒りを誘う状況や喜びを誘う状況においた。すると、アドレナリン投与をしない群よりも、そのときの状況に応じて「怒り」や「喜び」を強く表現した。このことは、アドレナリンによってつくりだされた心拍数の上昇や血圧、呼吸数の上昇などの末梢臓器の機能変化は情動を強めるが、その方向性は、そのときに起こっている状況（文脈）によって変わることを示している。

つまり、確かに脳は身体応答を生むが、その身体応答が脳自体にも影響を与え、脳はそのときに生体がおかれた状況（文脈）を判断して「怒り」や「喜び」を感じる、ということになる。同様に、脳が情動応答の端を発するとしながらも、そのときの文脈により情動体験が異なることを示した有名な心理実験がある。ドナルド・ダットンとアーサー・アロンによる「吊り橋実験」（１９７４）である。

男性を二つのグループに分けて、一方には揺れる吊り橋を、もう一方には揺れない丈夫な橋を渡ってもらう。渡り終えた男性には、魅力的な女性インタビュアーが風景について感想を尋ねる。その後、彼女は男性に「実験結果を説明するので電話してほしい」と言って電話番号を記したメモを渡す、というものだ。

その結果、メモを受け取った男性のうち、吊り橋を渡ったグループは18人中9人が電話をしてきたのに対し、丈夫な橋のグループでは16人中2人が電話をかけてきたにすぎなかった。

この実験手法には統計的な処理方法や対象の選び方など、さまざまな問題はあるが、彼らが示したかったのは、吊り橋を渡った男性は「吊り橋を渡る恐怖感による緊張」を「魅力的な異性と対面した興奮」と間違えて認知してしまったため、女性にコンタクトをとりたい気持ちが生じて多くの者が電話をかけてきた、ということである。異性とデートをする際に、絶叫マシーンやお化け屋敷などの恐怖情動を刺激する場がよく選ばれることなどと、なんらかの関係はあるかもしれない。

この実験結果は、発汗・心拍数増加・血圧上昇・手足の震えなどの身体の変化そのものが情動の種類を決定するわけではないが、それらの身体反応を引き起こした要因を類推しようとする「原因帰属の認知」が、情動体験を決定するということを示している。ただし、このプロセスは通常、無意識に行われるので、自分がどういった思考経路を経てその原因に行き着いたかを意識することはないとされている。つまり、脳は無意識のうちに身体の変化を読み取り、無意識のうちにそのときの状況（文脈）を加味して、情動体験（＝感情）を生じているということになる。

　現在の神経科学の立場からも、確かに、外界からの情報を脳が受けとめることによって情動体験（＝感情）と情動表出（身体の反応）は並列的に起こるが、身体の反応がさらに脳にフィードバック情報を送り、情動体験が修飾されると考えられている。

　悲しむために泣く必要はないが、「泣くことによって悲しみはさらに強くなる」ということだ。

恐怖を恋愛感情と錯覚させる狙い？

表情も行動の一つである

感情は表情に表れる。表情をつくるのは表情筋と呼ばれる顔面の筋肉であり、筋肉の動きという点では、行動の一つともいえる。つまり、表情は情動がつくりだした行動の表れの一つである。

アメリカの心理学者ポール・エクマンは、表情が文化や民族によらない人類に普遍的なものであることを明らかにした。彼はパプアニューギニアの先住民などを調査し、孤立して取り残された文化で暮らす人々が、他の異なる文化の人の表情を写した写真から表情を正しく読みとれることを見出した（図２－５）。とくに「怒り」「嫌悪」「恐れ」「喜び」「悲しみ」「驚き」を示す表情に、普遍性があることを示した。

そしてエクマンはＦＡＣＳ（Facial Action Coding System＝顔動作記述システム）を開発し、表情をできるだけ普遍的なアイコンとして使用できるようにした。さらに彼は、「おもしろい」「軽蔑」「満足」「困惑」「興奮」「罪悪感」「自負心」「安心」「納得感」「喜び」「恥」という感情を示す表情にも、人類に普遍的なものが存在するとしている。

表情は確かに、その人の情動を第三者に伝える重要なコミュニケーションツールである。電

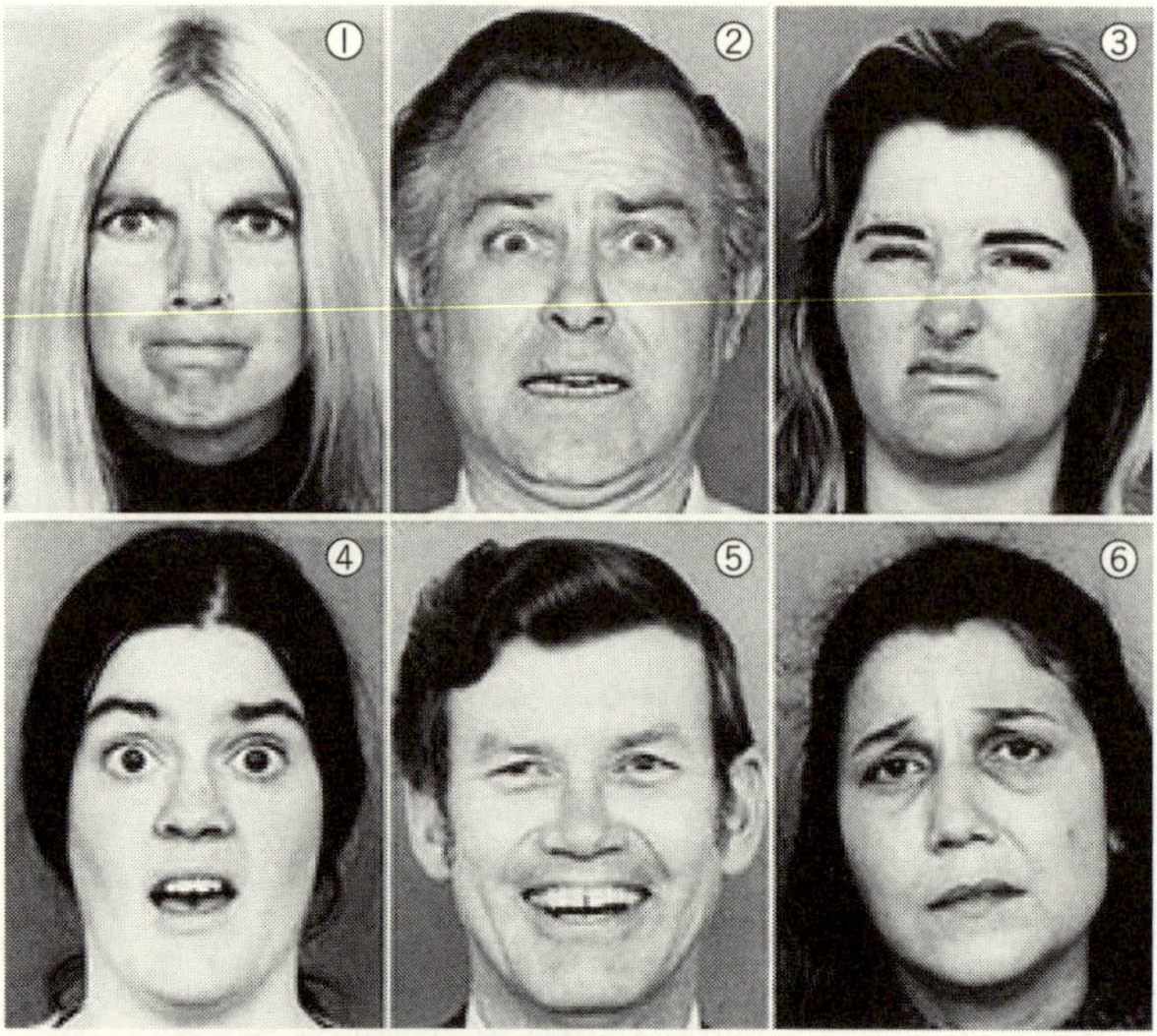

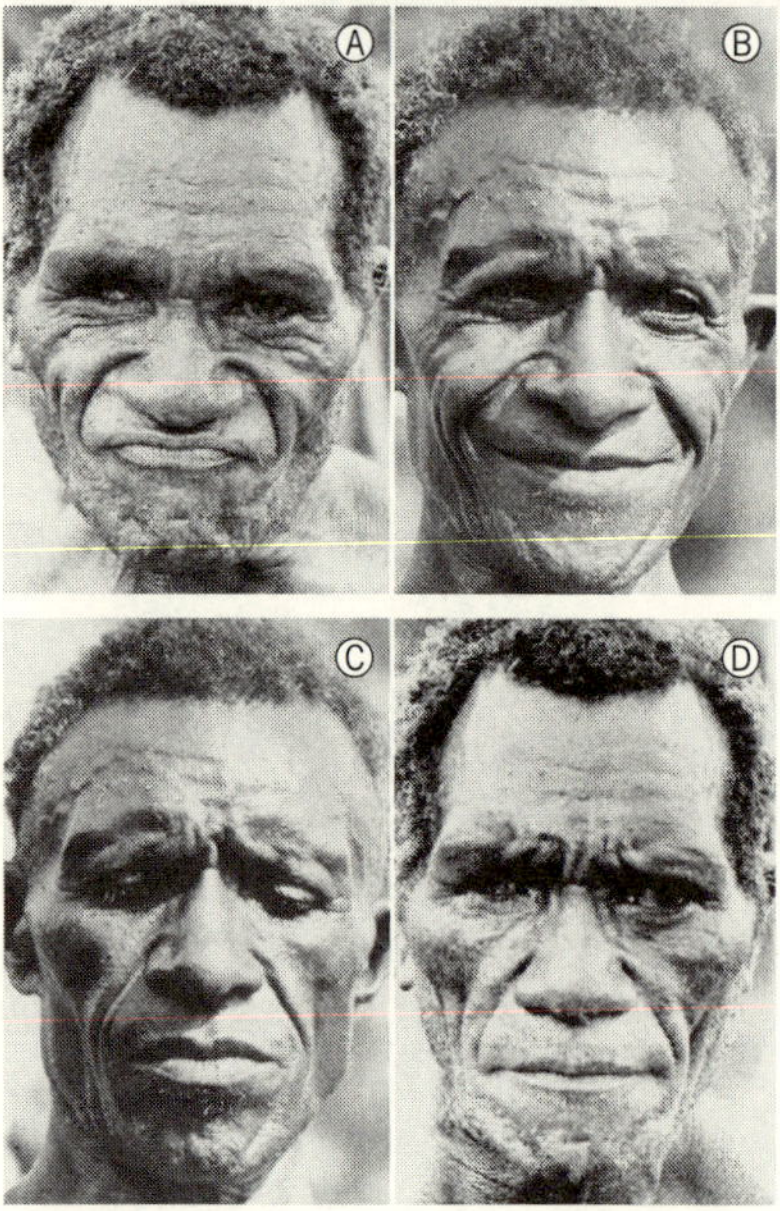

図2-5　文化や民族が異なっても「表情」は共通する

エクマンがさまざまな表情の写真(①〜⑥)をパプアニューギニアの先住民に見せたところ、その情動を正しく読み取って同様の表情を見せた（Ⓐ〜Ⓓ)。どれとどれが対応するか、おわかりだろうか？

①－Ⓓ（怒り）
③－Ⓐ（嫌悪）
⑤－Ⓑ（喜び）
⑥－Ⓒ（悲しみ）

子メールやSNSなどで、顔文字、エモーティコンなどが使われる背景にはこうした事実もあるといってもいい。もっとも遠方から認識できる表情は笑顔であるといわれているが、これも「敵対心がない」ことをアピールするため（争いを生まないため）の表情が重要であることの表れといえると思う。

もちろん、実際の感情を示す表情は、はるかに多彩で複雑である。笑顔ですら、必ずしもうれしいときや楽しいときだけに提示されるものではない。ときに、痛みや敗北感を経験しているときにすら笑うのが人間である。

また、エクマンは表情筋の働きのパターンから「微笑み」を19種類に分類し、本物の微笑みといえるのはその中の1種類だけであるとした。そして、他の微笑みは「礼儀正しさ」を演出するため、「きまり悪さ」をごまかすため、あるいは「不安」のためにひきつった表情などであり、ただ一つ、本物の微笑みだけは、眼輪筋が働いて目尻に笑いじわが生じるとした。彼はこの微笑みのことを、1862年に初めてそれを調べた精神科医ギヨーム・デュシェンヌの名前をとって、「デュシェンヌの微笑」と呼んでいる（図2－6）。〝偽の微笑み〟は「目が笑っていない」などということがあるが、まさに目が笑っている微笑みこそが、本当の喜びや楽しさを表現する表情だというのである（ただしデュシェンヌの微笑みに関しては近年、さまざま

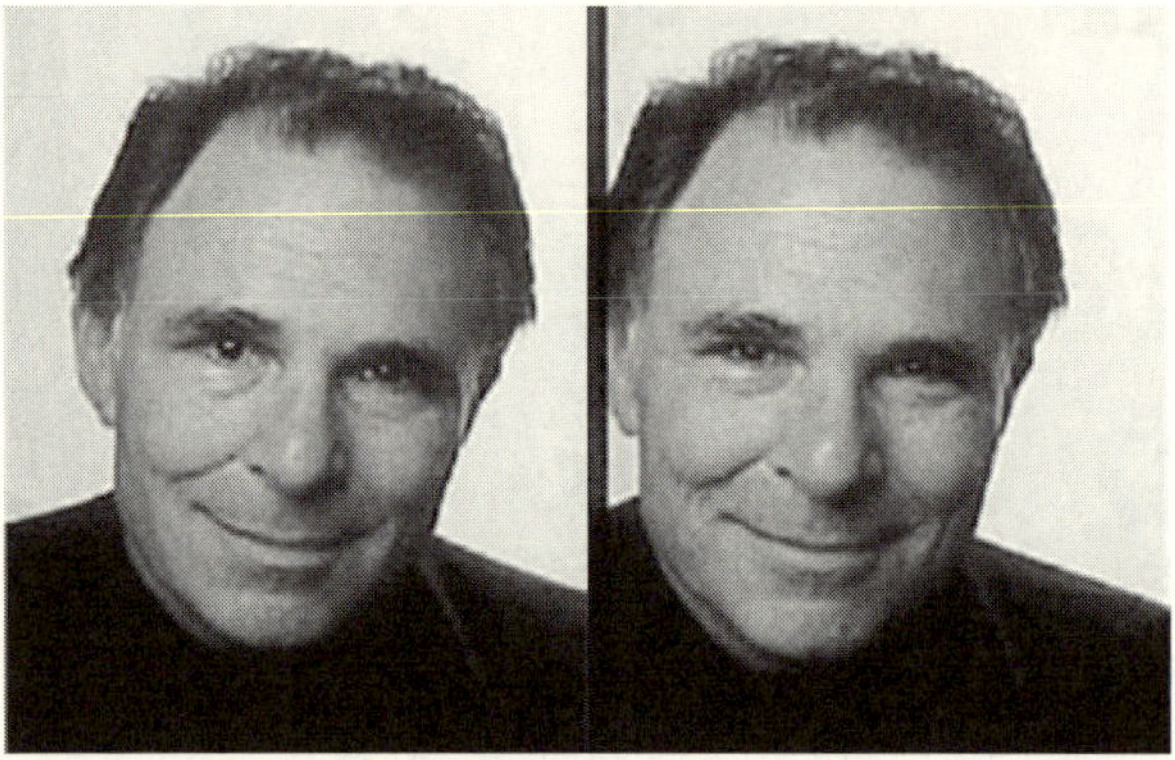

図2-6　デュシエンヌの微笑
エクマンは、左は“偽の微笑み”、右が“本物の微笑み”とした

な異論もある）。

　表情は情動を推しはかる重要なファクターだが、実は私たちは、他人の表情を見ることによって、自分の情動にも強く影響を受けている。笑顔の人を見れば楽しくなるし、泣いている人を見れば悲しくなる。情動は表情を介して伝播するのである。

　機能的MRIなどの脳機能画像解析を行うとき、情動を刺激するためによく用いられるのも、さまざまな表情を示した人の顔の写真である。「怒り」「恐怖」「幸福」「中立」の4つの表情が用いられることが多い。ヒトの表情は、次の章で説明する「扁桃体（へんとうたい）」という部分の機能に大きく影響することが知られている。表情がコミュニケーションツールとして働くため、それを見た人の情動にも変化が起こるのである。

近年の研究では、人はごくわずかな顔色の違い、たとえば自律神経系の変動がもたらす顔の皮膚の血流の違いも、容易に読みとれることが示されている。表情に示される感情だけでなく、その人が興奮しているか、落ち込んでいるのかなどの情報も、顔色のわずかな違いから無意識に読みとっているのだ。

このように表情は、文化的な背景や人種を越えて共通するものであると考えられるのだが、一方では、それらの違いによる微妙な差異も存在しているようだ。

たとえば、西洋人は日本人よりも歯を大きく見せて笑う。日本人はマスクをするのをあまりいとわないが、西洋人はマスクに抵抗感をもつ傾向がある。逆に、西洋人はサングラスをすることをまったくいとわないが、20〜60代の日本人の約30％は男女を問わず「サングラスをかけるのは恥ずかしい」と感じているという調査もある。これは、西洋人は口の表情を隠されると相手の感情が読みにくく、日本人は目を隠されると表情を読みにくい、という傾向があることを示唆しているのかもしれない。SNSなどで用いられる日本の「顔文字」は、目の表情を強調したものが多いのに対して、英語圏で用いられる「エモーティコン」は、口による感情表現が目立つことも、これに関係しているのではないだろうか（図2－7）。

(^_^)	…………………………	:-)
(^______^)	…………………………	:-D
(~_^)	…………………………	:-*
(-_-)	…………………………	:-(
(;_;)	…………………………	:'(
(o_O)	…………………………	:-O

図2-7　日本の顔文字（左）と西洋のエモーティコン（右）
顔文字は目で、エモーティコンは口で感情を表現するものが多い（エモーティコンは通常、横向きになっている）

もちろん「デュシェンヌの微笑み」に見るように、人種を問わず感情表現の要素として目は大きなファクターではあるが、西洋人のほうがそれに加えて、口の要素に重きをおいている可能性がある。もちろん、そこには話される言語の影響、あるいは個人の育った環境の違いも大きく影響しているだろうが、文化的背景や人種によって、表情の読みとり様式に微妙な違いもあるのかもしれない。

感情の多次元的なとらえ方

前にも述べたように、感情は情動より高次な概念であり、より精神的な状態に着目した見方でもある。情動体験をより詳細に見たものという言い方もできる。また、感情はきわめて多彩

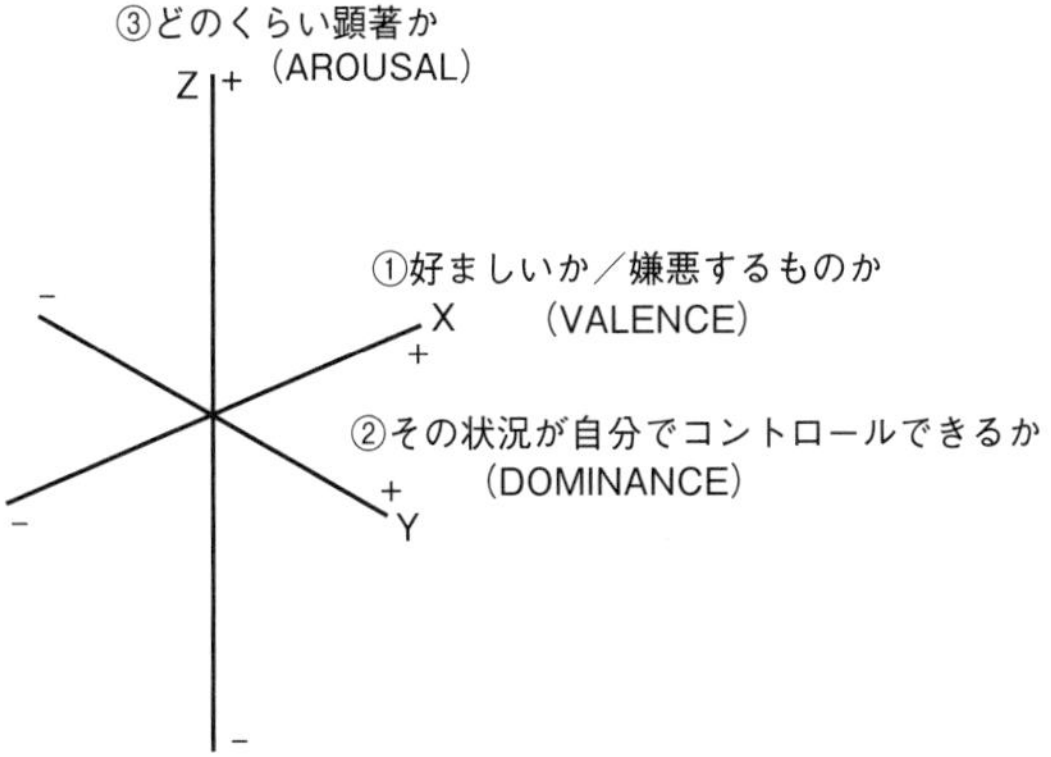

図2-8　感情を分類する3つの要素

で複雑なものだが、いくつもの要素の組み合わせがその複雑さを演出しているともいえる。

感情をよりとらえやすくするため、さまざまな分類のしかたがこころみられているが、以下のような三つの要素に分けて考えると、わかりやすくなる（図2－8）。

①好ましいか・好ましくないか（Valence）

②どのくらいエキサイティングか（ArousalまたはSalience）

③その状況を自分で制御可能か、あるいは圧倒されてしまうか（Dominance）

最初の二つはよく用いられているが、三つめも加えるとより感情をとらえやすい。

こうした考えのもと、ブラッドレイとラングらはSAM（Self-Assessment Manikin）尺度というものを作成した。この考え方では、前述の三つのディメンション（座標）に情動をプロットできることになる。

たとえば、「すごく好き」の反対は、一般的には「すごく嫌い」になるだろう。①Valenceのスケールで見ても、＋と－という正反対の方向である。しかし、②Arousalの軸で見ると、両者は同じ方向に位置する。「すごく嫌い」も興奮するほど相手に関心があるという点では「すごく好き」と同じということになる。「すごく好き」の反対は「嫌い」ではなく、「無関心」なのだ。強い恐怖でも、強い喜びでも心臓が高鳴り、瞳孔は散大し、手に汗を握るなど同じように身体が反応するのは、このArousalの軸で同じ正の方向に振れるからである。

ここでは、この考えをベースにX軸に好悪（Valence、右の①にあたる）、Y軸に優位性（Dominance、同じく③）、Z軸に顕著性（Arousal、同じく②）をとってみる。すると、すべての情動は、この3次元空間のなかにプロットできることになる。

怒りに身を震わせているときは、Xはマイナス、Zはプラスになり、怒りの対象に対してどうすることもできず我慢するしかないのであればYはマイナス、怒りの対象が自分の支配下にあるのであればYはプラスにプロットされる。激しい喜びに歓喜の叫びをあげているときはXはプラス、Zもプラス、喜びのあまり自分をコントロールできないほどならYはマイナス、冷静に対処できるのであればプラスになる。

このように、複雑に見える感情も、三つのベクトルに分解することによってより理解しやすくなる。

なぜ感情が必要なのか

では、生体にとってなぜ、感情というものが必要なのだろうか？

その理由は、ひとつには、生存確率を高めるためだ。恐怖や不安がなければそれに対処することができず、すぐに淘汰されてしまうだろう。また、喜びがなければ報酬を確保することができない。報酬をゲットするためにはそれなりのハードルを越えなければならないことが多いため、対価としての喜びが行動を促さなければ、うまくできない。

また、感情は意思決定にも大きな役割をはたしている。ヒトが何か行動を決定する際には、合理的でないことも多い。ヒトは理屈で考えればやらないほうがいいとわかっていることもするし、まったくナンセンスに思えることもヒトの行動に大きな影響を及ぼすことがある。これは情動が理性を越えて行動を支配するからである。逆に、理性にのみ判断をゆだねていては永遠に意思決定ができないことがある。

いくつかの選択肢の中から何かを選ばなければならないとき、私たちは意志の力、論理的な判断で選んでいると信じている。しかし、そこに情動が介在しないということはありえない。もっと本能的なものが選ばせているのであり、実は理由はあとからつけたしているにすぎないことのほうが多いものだ。情動は意識下に発動するものである。情動は意図して起こすものではなく、勝手に起きてしまうものである。そして認知系が情動を支配する力より、情動が認知系を支配する力のほうがずっと強い。このことにより、私たちが難しい二者択一を迫られたとき、情動が理性を越えて選択に影響を及ぼすことになる。

私たちの人生は、選択の連続である。どちらが正しい道かなど、未来になってみなければ決してわからない。しかし、分岐点に出くわしたとき、悶々と永遠に悩んでいるわけにもいかない。世のさまざまな「状況」という、いわば「アナログ的」な情報を、「やる」か「やらない」かという二者択一のデジタル処理に結びつけなければならないのだ。そこで行動の後押しをしてくれるのが情動というシステムなのである。

もともと生物は、大脳皮質などの機能なしに、状況を判断して行動を選択するようにできている。情動は、「顕著な状況」(=非常事態)に対して行動を起こさせるためのものであるといえる。

情動は生まれつき備わったもの？

チャールズ・ダーウィン（1809～1882）は、「人間を含む動物が示す主要な表現は、生得的ないし遺伝的である。つまり個が学習したものではない」としている（『人間と動物における情動の表出』）。彼は、情動にともなって起こる身体の（とくに顔の）表現は、人種や文化的遺産とは無関係に世界中どこでも似ており、盲目で生まれた人でも同様であることや、子どもでも同様であり、また、動物にも共通性があることなどを論じ、情動には、学習は必要がないとした。

確かに、さきほど述べたエクマンの調査の例もあるように、情動の基本的な応答は生まれつき備わったものである。「痛い」という感覚は「嫌悪」という感情値のネガティブな情動につながるし、食物や異性を得ることは、ポジティブな情動に結びつく。

しかし、情動は後天的な学習によって大きく書き換えられていくものでもある。嫌いだったものが好きになったり、あるいは、好きだったものが嫌いになる、あるいは、好きでも嫌いでもなかった中立のものが、好きになったり嫌いになったりすることは、誰でも経験するところであろう。食べ物でいえば、子供のころは多くの人が甘いものは好きでも、辛いものや苦いものは嫌いなはずだ。しかし、経験を経ていくうちに、ビールやコーヒー、香辛料などの刺激的なものが好きになっていく。

エクマンは、表情はどんな民族、文化的背景の人々でもすべて共通であるとしているが、情動の「振れ」による表情の変化は、西洋人に比べると日本人は小さいと述べている。彼はこれを、文化的な背景の違いという後天的な学習によるものとしている。

また、サルがヘビを怖がるのは、従来は生まれつきもっている生得的な反応と考えられていたが、現在では母親の反応を学習したことによる後天的なものであるととらえられている。母親と隔離された人工的な環境で育ったサルはヘビを怖がらない。

このように情動は、本来ベースとしてもっている生得的な反応が、生活環境における日々の経験や学習によって常に書き換えられながらつくりあげられていったものと考えられる。

本章では、情動と感情の概念と性質について述べてきた。次の章からは、実際に脳がどのようなメカニズムで情動を制御し、表現しているのかを見ていこう。

第2章のまとめ

1 情動とは感情の客観的・科学的な評価である。

2 情動は「情動体験」(≒感情)と「情動表出」(身体反応)に分けられ、後者を観察することにより客観的に記載できる。

3 情動は脳がつくりだすが、その結果、引き起こされた情動表出は脳にフィードバック情報を送り、情動を修飾する。

第3章

情動をあやつり、表現する脳

面白くなくても、にっこり笑っていると、
だんだん嬉しい感情が湧いてくる。

——— 樹木希林

進化の過程で外側に向けて新たな構造を増築してきた脳には、さまざまなレベルで進化的履歴がよく保存されている。そのため、動物種を比較して異なる点と共通する点を理解することにより、その機能を推測することも可能である。

情動は、脳でもっとも進化した部位である大脳皮質よりもやや進化論的に古い「大脳辺縁系」と呼ばれる構造によって生みだされるとされている。大脳辺縁系は大脳皮質よりも内側にある。このことは、情動は認知などの大脳皮質の機能よりも、進化的に古い機能であることを意味している。

第2章で述べたように、動物は情動という機能により、生存確率を高めている。つまり、進化の比較的早い段階からこの機能を実装する必要があったということになる。別の言い方をすれば、情動という機能をもった動物は、生存上有利になったと考えられる。

そして大脳辺縁系は、私たちを含む霊長類においても同様に機能している。私たちの場合、この部分だけが情動にかかわるのではなく、大脳辺縁系がさまざまな脳のシステムに、そして全身に働きかけ、大脳皮質の前頭前野がそれを認知することで、完成した情動が生まれる。

前頭前野は逆に、情動の制御にも関わっている。大脳辺縁系が正しく作動していても、私たちはさまざまな社会的規範のなかで暮らしていて、他者との関係もあるから、情動をそのままずべて表現するわけにはいかない。そこで前頭前野が情動を制御する力をもつようになったのだ。だが、ときに前頭前野にも制御しきれなくなってしまうと私たちは、情動に翻弄されていると感じる状態に陥るのである。

このように前頭前野ともせめぎあいながら、大脳辺縁系はどのように情動を生みだしているのかを見ていこう。

大脳辺縁系とは

あらためていえば大脳辺縁系は、大脳皮質よりも深部に存在し、大脳の一部を構成する構造の総称である（図３－１）。大脳辺縁系とは「limbic system」の和訳で、「limbic」とは「辺縁」のことである。その語源のラテン語は「limbus」であり、英語では「edge」、すなわち「辺縁」の意となる。

１８７８年に「辺縁」という言葉を初めて用いたのは、フランスの医師であり解剖学者であったピエール・ポール・ブローカ（１８２４〜１８８０）である。彼は「脳梁（のうりょう）」の周辺の大脳皮質（帯状回（たいじょうかい）など）と、側頭葉内側面の皮質である「海馬」といった構造を総称して「辺縁葉」

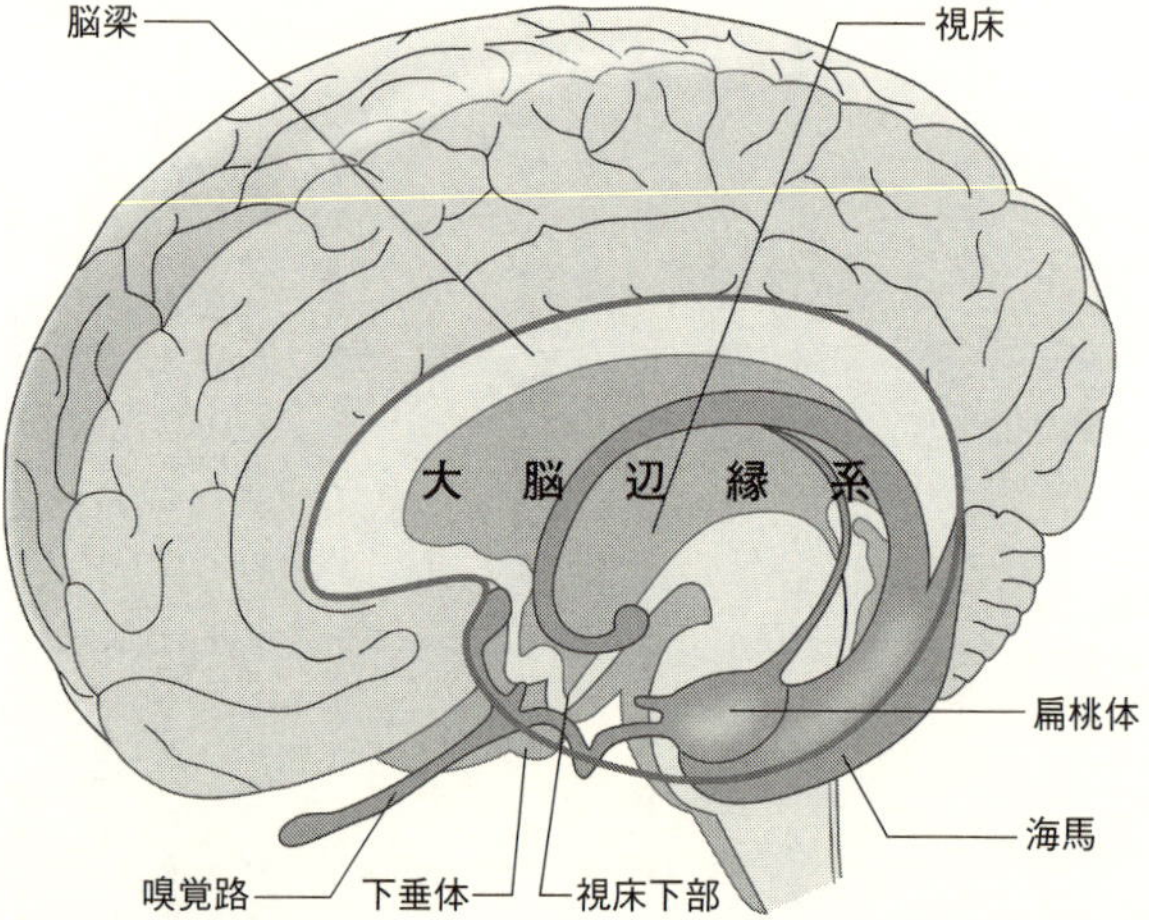

図3-1　大脳辺縁系
情動は大脳辺縁系から生みだされる

(le grand lobe limbique) と呼んだ。脳梁とは、左右の大脳半球を相互に連絡する神経線維の束である。これらの構造体については、のちにまたくわしく説明するので読み飛ばしていただいてかまわない。

ブローカは大脳辺縁系には嗅覚系との構造的なつながりがあることから、大脳辺縁系を嗅覚のシステムの一部であると考えていた。情動のシステムである大脳辺縁系が嗅覚系と関係があると言われると「どうして?」と思われる方もいるだろうが、この見方は誤りではない。むしろ、正しい解釈であると言える。これから見ていくように、大脳辺縁系は嗅覚を含めて多くの感覚系と密接な関連がある。つまり、情動とは感覚が惹起するものなのである。

情動と大脳辺縁系の関連に初めて直接的に言及したのは、アメリカの神経解剖学者ジェームズ・パペッツ（1883〜1958）である。1937年のこと、彼は、脳の中で情動が生まれる回路として、

海馬→脳弓（のうきゅう）→乳頭体（にゅうとうたい）→視床前核→帯状回→海馬傍回（かいばぼうかい）→海馬

という大脳辺縁系を巡る閉鎖回路を提案した（図3－2）。これは「パペッツの回路」と呼ばれている。彼は、帯状回が興奮すると、刺激がこの回路を巡って帯状回に戻ってくると考えた。そして、この回路を刺激の信号が回り、持続的に興奮することで、大脳辺縁系に情動が生まれると考えた。

その根拠の一つとなったのは、回路の中の海馬が、狂犬病で侵される領域であることだった。狂犬病では、麻痺や痙攣（けいれん）とともに強い不安感や興奮などの精神症状が現れる。とくに、水や風を恐れる恐水症や恐風症という症状が見られる。こうした症状は情動の異常であるととらえられていたため、パペッツは大脳辺縁系の回路の興奮が、情動にかかわると考えたのだ。

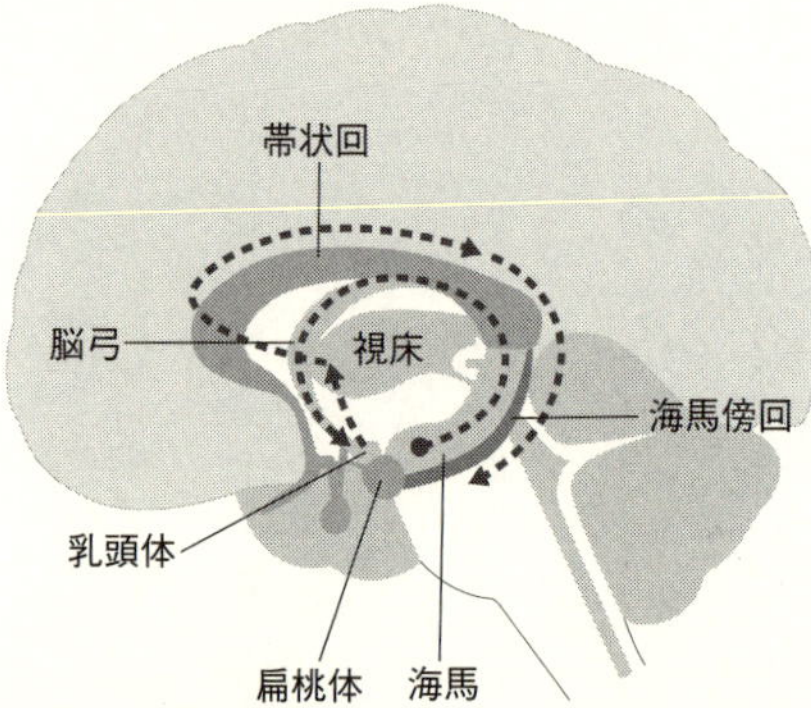

図3-2　パペッツの回路
実際には記憶との関連が深い

現在では、彼が提案した回路に含まれる構造は、情動よりも記憶との関連がより深いことが明らかになっている。しかし、大脳辺縁系と情動を初めて結びつけたという点で画期的な考え方であったため、「パペッツの回路」という言葉は現在でも「情動をつかさどる神経系」という意味で使われることがある。ただし、実際にそのような回路が存在するのではなく、大脳辺縁系と情動を結びつけた、歴史的な言葉として扱われている。

現在使われている「大脳辺縁系」という言葉は、1952年にポール・マクリーンによって初めて用いられた。その後、大脳辺縁系に含まれる構造については考え方にいくつかの変遷があり、現代においても学者によって多少の意見の違いがあるが、帯状回や側頭葉内側面の皮質、海馬体、扁桃体などが含まれることでは共通している。

情動に深くかかわっている扁桃体

「パペッツの回路」に含まれる大脳辺縁系の部位を現在の神経科学の立場で見てみると、情動にかかわる決定的なコンポーネントが欠落している。それは「扁桃体」である（図３－１参照）。

扁桃体とは、側頭葉の内側面に存在するアーモンド状の構造である（「扁桃」とはアーモンドの意味だ）。

歴史的には、扁桃体を含む側頭葉を損傷させたアカゲザルにおいて、社会的、情動的な障害が顕著に見られたという報告が、すでに１８８８年になされている。さらに、ハインリヒ・クリューヴァーとポール・ビューシーは１９３７年、サルの両側側頭葉（扁桃体を含む）を切除すると、情動変化が起こることを報告し、以後、扁桃体を含む側頭葉の前方部分を切除すると、情動・防衛反応の後退、また、性行動・食欲に異常が見られることが明らかになった。くわしく調べてみると、サルには以下の四つの症状が見られた。

①精神盲：視覚に異常がなく、ものを見ることはできるのに、見てもその意味を認識できない。これを「精神盲」と呼ぶ。扁桃体を切除されたサルは、通常のサルが怖がるヘビのおもちゃを認識はできるが、恐怖を示す様子がなかった。

②口唇傾向：ものを手あたり次第に、口に入れたり噛んだりするようになった。

③情動反応の低下：恐怖や攻撃性がなくなり、ヒト（実験者）への恐怖を示さなくなった。

④性行動の亢進：雌雄や種の区別なく交尾しようとする傾向が見られた。

このほかにも、好奇心にまかせてさまざまなものに手を触れようとしたり、なんでも食べてしまったりするなどの異常も見られた。

このような症状は、最初の記載者の名前をとって「クリューヴァー・ビューシー症候群」と呼ばれている。この症候群は扁桃体のみではなく、それを含んだ側頭葉前方の切除によって起こるとされているが、症状の発現には、扁桃体の障害が重要な働きをしているとされている。

その後、「パペッツの回路」を改変した考えが提唱された。1948年にポール・ヤコブレフは、情動に関連する大脳辺縁系の構造として、前頭葉眼窩皮質（ぜんとうようがんかひしつ）、島葉皮質、前部側頭葉皮質、そして扁桃体および視床背内側核（ししょうはいないそくかく）を追加した。そして、情動を生みだす回路として、

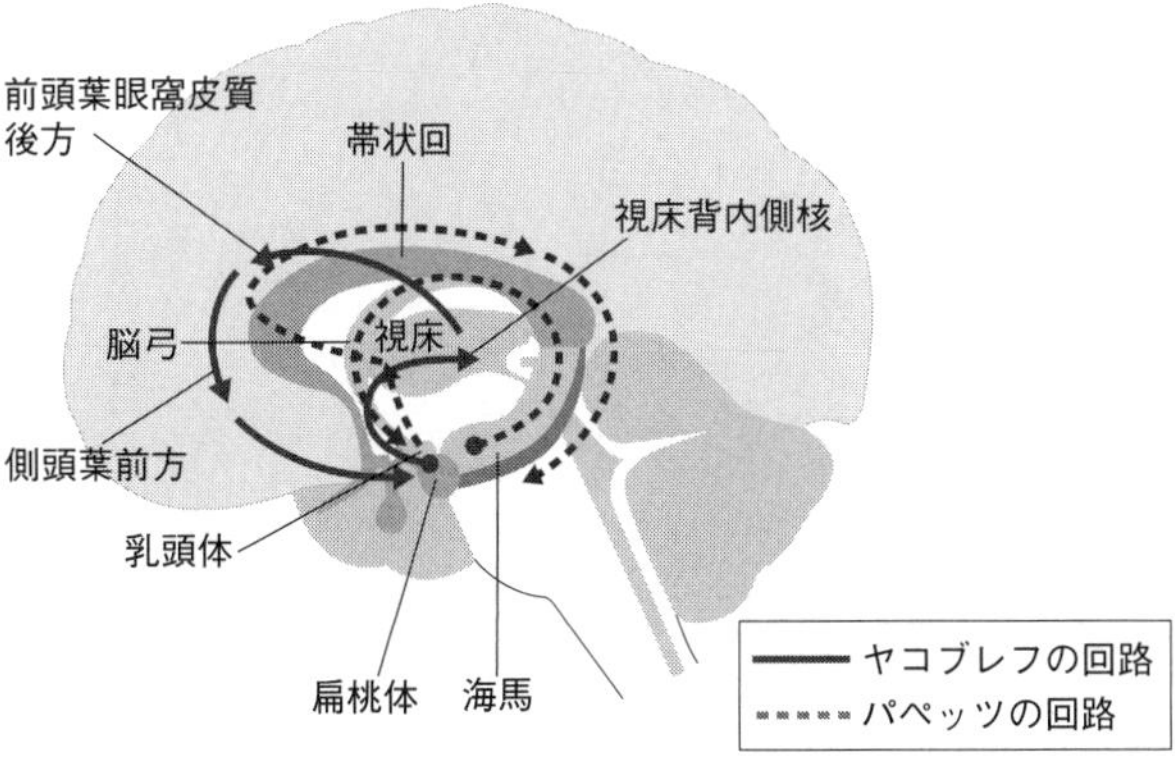

図3-3　ヤコブレフの回路
パペッツの回路との違いに注目

扁桃体→視床背内側核→前頭葉眼窩皮質後方→
側頭葉前方→扁桃体

という閉鎖回路を考えた。これが「ヤコブレフの回路」である（図３－３）。扁桃体が情動を制御する領域として取り入れられている点で、現在の考え方により近いものになっている。

「感覚」と「情動」と「記憶」の関係

さきほど、「パペッツの回路」は情動よりもむしろ、記憶にかかわる構造を含んでいると述べたが、実は、大脳辺縁系はもともと情動の制御のみにかかわっているわけではなく、記憶にも重要な働きをしている。むしろ情動と記憶は、きわめて密接にかかわっているのだ。

私たちは、日々、感覚系を通して膨大な量の情報を外界から受け取っている。もし、そのすべてを記憶していたら情報公害になり、ほんとうに必要な情報を見失ってしまうであろう。

では、〝ほんとうに必要な情報〟とは何だろう。それは自らにとって、記憶しておき、すぐに取り出せることが必要な情報ということになる。それはまさに、情動を発動させうる情報（いわゆる「顕著な情報」）ということになる。

すごくうれしいことであれば、長い時間を経たのちであっても、そのときの出来事をよく覚えているだろう。それは、そういう成功体験を再度経験する確率を高めるためにその状況を覚えておくことにメリットがあるからだ。逆に、すごく嫌なことや、強烈な恐怖体験もよく覚えているはずだ。それは、そのような失敗体験を繰り返さないためにその状況につながった情報を覚えおくこと、そしてすぐに想起できることにメリットがあるからだ。

このように情動と記憶はきわめて深い関係にある。さきに、情動は「感覚系によって発動される」と述べたが、特定の感覚が情動を惹起し、それが記憶をよみがえらせることも多い。

とくに嗅覚には、記憶や感情を強く呼び起こす作用があり、これを「プルースト効果」あるいは、「プルースト現象」ということがある。フランスの文豪マルセル・プルーストの作品『失われた時を求めて』の冒頭、主人公である語り手が紅茶にひたしたプチ・マドレーヌの香りをかいだ瞬間に「原因のわからないすばらしい快感」に襲われ、しばらくしてから、幸福な気分を呼び起こす幼い日の記憶がよみがえってきたという描写がその由来であり、プルーストの「こころ」や記憶への洞察の深さがうかがい知れる。感覚の中で嗅覚は、他の感覚と異なり、視床を経由せずに大脳辺縁系と接続している。嗅覚が記憶や情動に大きな影響を与えると前出のブローカが考えたのは、正しかったのである。

しかし、ほかの感覚も確実に、情動や記憶につながっている。感覚、情動、そして記憶は、きわめて密接な関係にあるということを理解していただきたい。

パブロフの「条件づけ」

情動がきわめて大きく記憶の影響を受けていることを示す例として、「条件づけ」といわれる現象がある。

「パブロフの犬」の話をご存じの方は多いだろう（図３－４）。ロシアの生理学者イワン・パブロフ（１８４９～１９３６）は、犬を用いた消化管の生理に関する研究をしていた。犬に餌を与える前にベルを鳴らすことを続けると、犬は餌がなくてもベルの音を聞いただけでよだれを垂らしはじめたというよく知られた実験だ。

図3-4　パブロフが実験に用いた犬のうちの一頭

最初のきっかけはこうだった。犬を用いた実験を続けていたパブロフは、毎日餌を運ぶ飼育係の足音を聞いた犬が、餌をもらう前によだれを垂らしているのに気づいた。つまり、まだ餌を見てもいないのに、よだれが出ていたのだ。これは、足音には餌を見るのと同じような効果があることを示している。そこで彼は、次のような実験をした。

犬にベルの音を聞かせる→犬に餌を与える

これを数回繰り返すと、ベルを鳴らすだけで犬はよだれを垂らすようになった。さらに、犬の頬に手術で管を通し、正確に唾液の分泌量を測定してみると、ベルを鳴らしただけで唾液が分泌されていることがはっきりと証明された。１９０４年に「消化生理に関する研究」でノーベル生理学・

医学賞を受賞したパブロフの名を、最も世に知らしめたのがこの実験だった。

彼は当初、この現象を「精神反射」と呼んでいたが、その後、「条件反射」と呼ぶようになった。しかし、「反射」というのは本来であれば、生得的にもっている機能である。この現象は音と餌を同時に与えることによって成立した、一種の学習であると考えられる。そこで、学習を必要としない一般的な反射を「無条件反射」と呼んで、条件反射と区別することになった。ただし、現在では条件反射は「条件づけ」といわれることが多い。なお、実際にはパブロフはベルだけでなくメトロノーム、ブザー、ホイッスル、オルガンなどさまざまなものを鳴らし、また、音だけでなく光や電気ショックなど、ほかの感覚刺激を用いることでもこの現象を確認している。

条件づけという現象は、実はわれわれの日常で常に起こっていると考えてよい。パブロフの犬の例では、食べ物という「喜ばしいもの」が、ベルなどの音という、以前には「うれしくも怖くもなかったもの」と組み合わされたことで、餌を与えたときと同じような生理的変化をきたすようになった。しかし実は、「喜ばしいもの」でなくても、強い情動を惹起するものであれば条件づけは成立する。たとえば、怖い思いを一度経験すると、そのときの状況や、そこに存在していた匂い、音、光景などの感覚情報が恐怖と結びついて記憶が強固になり、それらを知覚しただけで恐怖を惹起するようになる。

太宰治の小説『斜陽』には、「ヘビ」が象徴的に登場する。主人公かず子の母が畏怖する対象としてヘビの絵が描かれ、その後、かず子はしばしば、自らをヘビに重ねて語っていく。母がヘビを畏怖するようになった原因の一つは、夫が亡くなる直前に枕元にあった紐を拾おうとしたら、それがヘビであったことにある。このように夫の死と、紐だと思っていたものがヘビであったという驚きと恐怖が、ヘビを畏怖する対象に変えたのである。

こうした現象は、実際の私たちの日常生活でも頻繁に起こっている。多くの人にとって歯科医のドリルの音が不快なのは、歯科治療というものの痛みを「理屈で」知っているからではなく、かつて痛みと一緒に聞いたことのある音だからであろう。たとえ、「治療を受けた」というストーリーとしての記憶がなくても、そのときの不快感は、ドリル音によって惹起されるべく、記憶されているのである。このように条件づけによって成立した記憶を「情動記憶」という。

記憶にはいくつもの種類があり、それぞれは別々のシステムで記録されている。ストーリーや空間上の位置関係などは、海馬によって記憶され、しばらくは海馬に残っているが、やがて大脳皮質に移っていく。このような種類の記憶を「陳述記憶」という。

さきに、強い恐怖体験は記憶を強固にすると述べたが、あまりに強すぎる恐怖は、逆にそのときの陳述記憶を消してしまったり、曖昧にしてしまったりする場合がある（そのメカニズムについてはのちの章で述べる）。過去に強烈な恐怖体験をした人が、そのとき同時に知覚した感覚刺激（音や匂いや光景など）を恐怖のトリガー（引き金）としてしまい、それを知覚しただけで強い恐怖をおぼえるようになったとき、本人はもともとの原因となった恐怖体験を、陳述記憶としては覚えていないことすらある。理由もわからずに、強い恐怖だけを感じることさえある。これは陳述記憶と情動記憶が乖離してしまい、陳述記憶が消えて情動記憶だけが残っているという場合に起こる現象だ。つまり、陳述記憶と情動記憶は別々の機構によって保持されているのである。

情動記憶は非常に強固で、一度成立すると非常に長時間にわたって保持されることが知られている。では、過去の「トラウマ」は消すことができないのだろうか？　いや、トラウマの消去は可能であるとされている。文字通り「消去（エクスティンクション）」と呼ばれている過程で、恐怖に結びついてしまった感覚刺激（手がかり）や状況（文脈）をあえて繰り返し体験させて、「恐怖がない」ことを学ばせるのである。これは心理療法や行動療法の原理でもあり、消去というより、新たな学習であると考えられている。ただし、何かをきっかけとして

「消去」されたはずの情動記憶が再度、強く想起されてしまうこともある。

記憶の種類①陳述記憶

情動記憶、陳述記憶という言葉をつかったので、ここでさまざまにある記憶の種類について、整理しておきたい。

「記憶」というと、なんらかの事項を覚えて、それを想起できることを思い浮かべるものだが、記憶にはほかにもさまざまなものがある。前述の「条件づけ」のように特定の事項をなんらかの情動と結びつける情動記憶も記憶であるし、うまくできなかった技能（ゲーム、スポーツ、楽器の演奏など）が上手になることも記憶である。

海馬という脳部位が記憶に関係していることは、この独特の名称の印象もあいまって一般によく知られているが、逆に記憶といえば海馬のみが関与しているという誤解にもつながっているようだ。確かに海馬は陳述記憶の一側面にきわめて重要な役割をはたしているが、実は、脳という神経回路の集まりは、さまざまな部分が記憶装置としての機能をもっている。海馬が陳述記憶を担っているというのは、その一部にすぎない。前述した情動の表現に重要な役割を果たしている扁桃体も、記憶システムとしても重要であり、こちらは情動記憶を担当している。

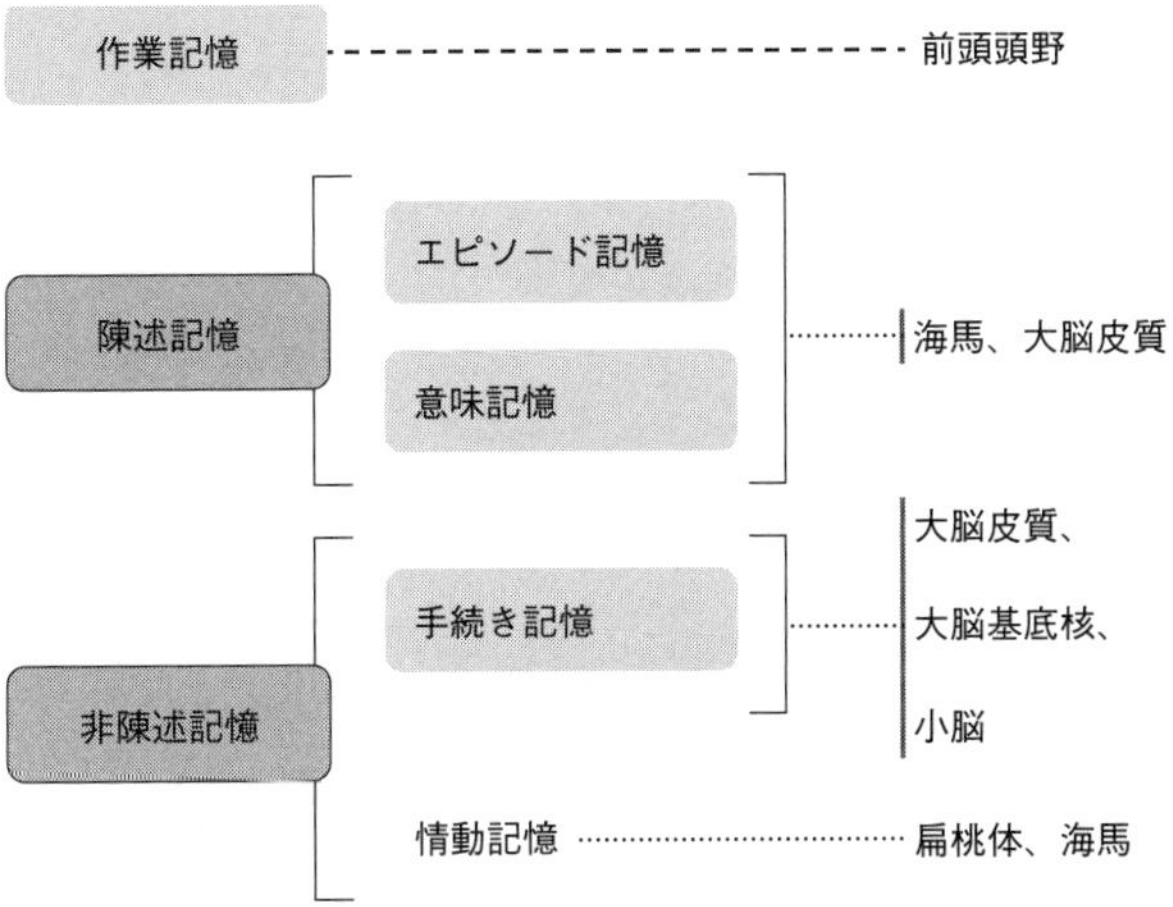

表3-1　記憶の種類

また、うまくできなかった技能が上手になることは「手続き的記憶」と呼ばれ、これには大脳皮質、大脳基底核、小脳といった部分が関与している。このように脳はさまざまな種類の情報を取り扱う記憶装置なのである。

記憶は大きく分けて、「陳述記憶」（あるいは陳述的記憶）と「非陳述記憶」（あるいは非陳述的記憶）に分けられる（表３－１）。

簡単に言ってしまえば、陳述記憶とは、出来事などを「言葉に置き換えた形」で引き出せるタイプの記憶である。きょう一日で体験した出来事を日記に書いたり、ブログで発信したりすることを思い浮かべてほしい。これらは、体験した出来事の記憶を言葉に置き換えて表現している。これが陳述記憶である。

陳述記憶は言葉をつかわない（つかえない）動物にも存在すると考えられている。言い換えれば、人は陳述記憶を言葉で表現するようになった動物ともいえる。

陳述記憶にはエピソードとして記憶される「エピソード記憶」と、単語やアイコンなどを特定の事象に結びつける「意味記憶」、そして思考や計算をするときなどにつかう「作業記憶」がある。「リンゴ」という単語を見れば、日本語がわかる人であれば赤く丸い果物を想起するだろう。これが意味記憶である。単語だけでなく、何かのトレードマークや国旗、パソコンやスマホの画面上に並ぶアイコンを、メーカー、国、アプリなどと結びつけるのも意味記憶である。英単語を暗記することを想起すると理解しやすいかもしれない。

なお陳述記憶でも非陳述記憶でもないが、前頭前野の外背側部（外背側前頭前野）には作業記憶がある。これは「ワーキングメモリー」とも呼ばれるもので、長期の記憶ではなく、瞬時に記憶が蓄えられ、すぐに消されていく記憶システムである。コンピューターでいえばRAMにあたるものと思っていただいてもよい。人が思考するとき、あるいは計算するときなどには、言葉やイメージ、数字などを一時的に蓄えておく必要がある。そこで、海馬の記憶システムと異なり、瞬時につくられるが容量に限りがあり、すぐに消えてしまう作業記憶が備わったのだ（誰でも7桁程度の数字はすぐに覚えられるが、それ以上は難しいだろう。また、何か考えているときに誰かに話しかけられると思考がまとまらなくなってしまうこともよく経験するはずである。これも作業記憶が限られた容量しかもたず、また長続きしないからである)。

記憶の種類②非陳述記憶

非陳述記憶とは、「言葉に置き換えられない」あるいは「言葉に置き換えにくい」タイプの記憶であり、無意識に成立している記憶も含まれる。むしろ、多くの非陳述記憶は意識することなく成立していると考えたほうがよいかもしれない。非陳述記憶は陳述記憶と同時並行で成立していくことが多いため、非陳述記憶の成立に関する出来事も記憶に残っているような気がするが、実は、両者は独立したものである。

非陳述記憶の代表的なものが「手続き的記憶」と「情動記憶」である。手続き的記憶とは、技能や運動の巧緻性などに関する記憶である。できなかった運動ができるようになる、弾けなかったピアノのパッセージが弾けるようになる、タッチタイピングができるようになる、ビデオゲームがうまくなる、などはすべて脳機能に内在された記憶装置によるものであり、それが手続き的記憶ということになる。

もう一方の非陳述記憶である「情動記憶」については、すでに「条件づけ」の話で述べたように、本来、怖くもうれしくもないような音、匂い、味、光景、触感などの感覚情報（これを中性の感覚情報という）を、恐怖や報酬と一緒に与えることを繰り返すと、その感覚情報が恐怖や喜びと同じ価値を持つようになることである。このような単純な感覚情報をキュー（手がかり）と呼び、こうした条件づけを「手がかりによる条件づけ」と呼び、その背景にある情動記憶を「手がかりによる情動記憶」と呼ぶ。

しかし情動記憶は、このようなシンプルな感覚刺激だけと結びついているわけではない。恐怖や喜びを体験したときのストーリーや、そのときの場の雰囲気などにも結びつく。その場の雰囲気というのは、五感が受信したさまざまな情報を脳が総合的に判断して、ある特定の感情（あるいは情動）と結びつけているから感じているのであり、多くの場合、それと似た要素をもった過去の体験と、喜びや恐怖などの情動が結びついている。これも情動記憶の一種であり、簡単に言葉で言い表せるものではない。こうした記憶は「文脈に関連づけられた情動記憶」あるいは単に「文脈による情動記憶」と呼ぶ。

文脈による情動記憶をつくりだす学習過程は、「文脈による条件づけ」と呼ばれる。たとえば、ラットやマウスなどの動物を特定の空間に置き、そこで数回、電気ショックなどの恐怖を与えると、ラットやマウスはその空間を怖がって、すくみ行動をとるようになる。これは、文脈による条件づけが成立したことを示していて、その背景にある脳の記憶が、文脈による情動記憶である。私たちもときに、「なんだかいやな予感がする」ということがあるだろう。そして、ときにその予感は的中する。これは予知能力などではなく、過去の体験からつくられた文脈による情動記憶のためである。その場の雰囲気は、五感がとらえた情報や、恐怖体験に至るまでのストーリーによってつくられている。たとえ明確に陳述記憶に残っていなくても、あるいは陳述記憶として想起できないとしても、情動記憶として発現して「いやな予感」となるのである。

このように、記憶にはさまざまな種類がある。このうちで、記憶を担う部位として一般によく知られている海馬が関与しているのは陳述記憶である。また、「文脈による情動記憶」にも海馬がかかわっている。「文脈」には空間に関する記憶や陳述記憶が関与しているからである。言い換えれば、これら以外の記憶には、海馬は少なくとも大きな役割をはたしてはいないことになる。

情動は記憶のデータベース

感覚と情動と記憶について、もう少し具体的に関係を整理しておこう。

動物は嗅覚、視覚、味覚、聴覚、平衡感覚、触覚・痛覚といった感覚系を介して、外界の情報を感知し、自らがその中でどのような状態にあるかをモニターしている。

こうして「感覚」が入力されると、動物はそれに対して適切な対処をするために行動を起こす必要があるが、原始的な動物ほど、機械的な（あるいは反射的な）かたちで定型的な行動を起こす。危険を察知すれば逃げる、といった具合に。しかし、やや高等な動物では、外界の情報に対して大脳辺縁系がさまざまな重みづけをする。恐怖・喜び・無関心などである。これが「情動」であり、行動を発動させる動機づけになる。

同時に、強い情動はそれにつながる「記憶」を強くする。これによって、のちに似た状況（文脈）に対面したときに、同様の情動を惹起することにより、対処法（＝行動）を決定することができる。このようにして、動物は生存確率を高めている。

つまり、記憶システムを内包したことにより、過去の経験を情動というかたちでデータベース化して現在の状況に照らし合わせることで、行動選択の精度をより上げることができるようになったのだ。

感覚情報が伝わる二つの経路

ここであらためて、感覚系から脳に伝えられた外界の情報は、どのようにして処理されていくのかを見ておこう。

感覚系からの情報は、嗅覚を除き、大部分が視床を経由して、大脳皮質で処理されている。たとえば視覚は、眼球の網膜から視神経を経て、視床の一部である外側膝状体に伝えられる。ここでシナプスを介して神経細胞を乗り換え、後頭葉の一次視覚野に伝えられる。

聴覚も、やはり視床の一部である内側膝状体というところに伝えられ、そこでシナプスを介して神経細胞を乗り換えて、側頭葉の一次聴覚野に伝えられる。

触覚や温痛覚も同様だ。これら皮膚などからの情報は、脊髄で処理されたあと、おもに脊髄視床路という経路を介して視床に伝えられたのちに、シナプスを介して頭頂葉の一次体性感覚野に伝えられる。

このように視床は、末梢の感覚系から伝えられた情報を集め、大脳皮質のそれぞれの一次感覚野に送り出す、中央ターミナル駅のような場所なのである。

しかし、視床が送り出す情報は大脳皮質にのみ伝えられるわけではない。大脳皮質は脳の中でも進化的に新しい領域であり、下等動物では発達していないが、下等動物も感覚系からの情報をきちんと脳内で処理している。つまり、その処理には大脳皮質よりも下位の構造である大脳辺縁系（あるいは脳幹）が関わっている。大脳皮質が発達した高等動物であっても、このシステムは大脳辺縁系で機能している。大脳皮質は情報をより精密に速く処理するためにあとから増築されたシステムであり、古いシステムに置き換わるものではない。大脳皮質と大脳辺縁系という新旧の二つのシステムは、並列で働いているのだ（図3-5）。

大脳辺縁系の最も大切な構成要素は、海馬と扁桃体である。おもに記憶（とくに陳述記憶）に関わる海馬と、情動の制御に関わる扁桃体は、機能的に深く関係している。構造的にも、両者はともに側頭葉の内側面にあり、扁桃体が海馬の前方に接するように存在していて、両者の間には密接な神経連絡がある。そして、感覚系を通して大脳辺縁系にやってきた外界の情報は、おもに扁桃体を介して入力される。

つまり、感覚系から入ってきた情報は、視床で、①大脳皮質の一次感覚野と②大脳辺縁系の扁桃体という二つの経路に伝えられる。

①の経路は、感覚情報の精密な物理的性質を解析するために使われる。たとえば視覚であれば明るさ、周波数特性（色）、コントラスト、動き、傾きなどの情報を処理している。聴覚で

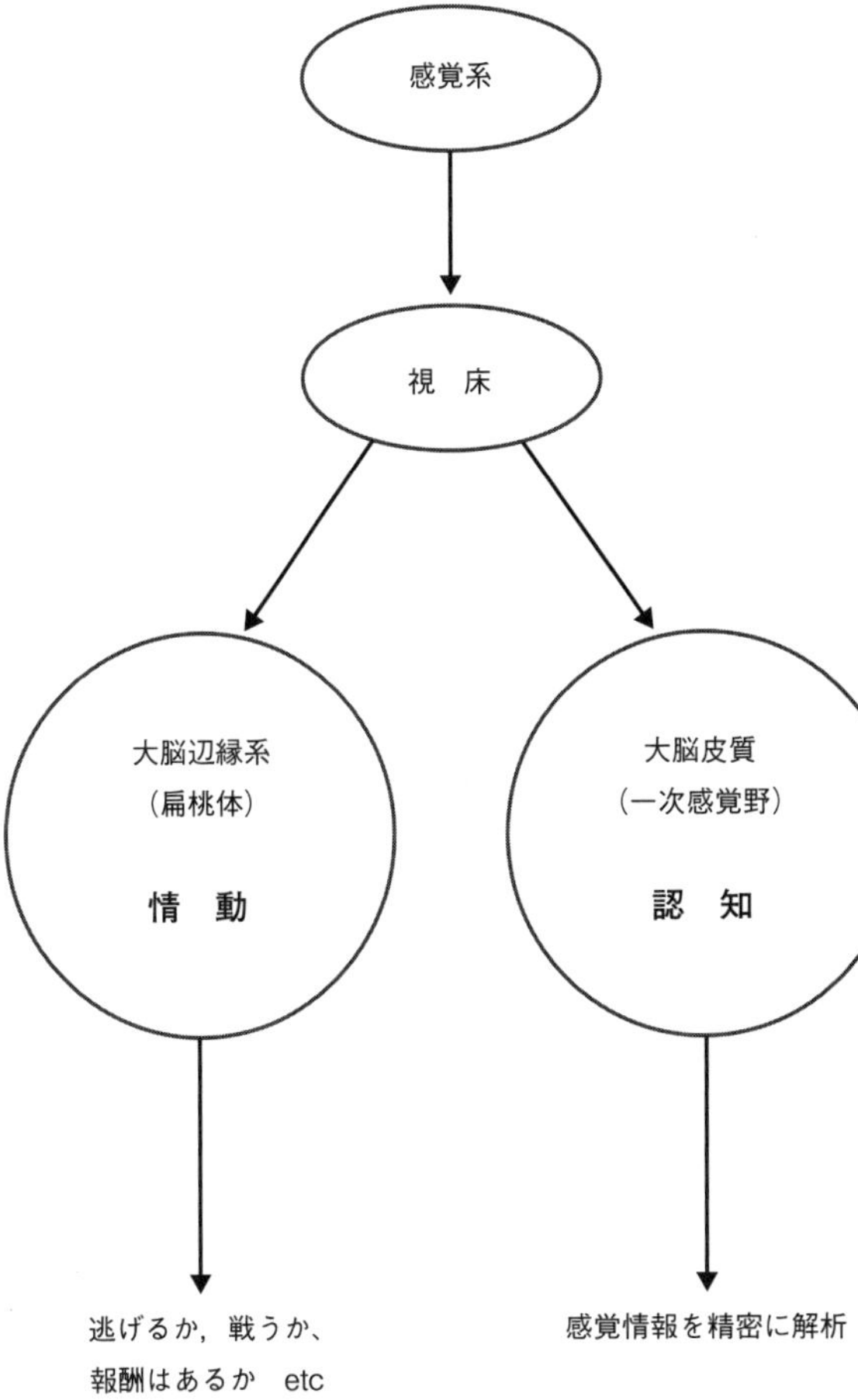

図3-5　大脳皮質と大脳辺縁系は並列で働いている

あれば周波数特性、音圧などということになる。

②の経路は、情動的な側面を処理している。①の経路が精細なイメージであるのに対し、非常におぼろげなイメージを処理しているにすぎないが、それをさまざまな感情と結びつけている。そして繰り返し述べているように、生き残っていくためには②の経路が非常に重要になる。感覚情報によって、いま自分をとりまいている環境が逃げるか戦うかしなければならないとわかれば、あるいは報酬を得られるチャンスがあるとわかれば、それに対応する行動をとらなければならない。同時に自律神経系や内分泌系を介して、その行動をサポートするための身体の状態をつくりだし、覚醒レベルを上げて行動を支えなくてはならない。①の経路でいくら精密に情報を判定していても、そうした「情動」がともなわなければ、生き残っていくため、勝っていくための心身の変化は起こらないのである。ただし、①の経路で判定した、より精密で正確な情報が少し遅れて扁桃体に届き、最初に起こった応答を修正することは多い。

サルの後頭葉にある一次視覚野を切除してしまうと、サルはものが見えなくなるはずだが、そのような状態でもヘビのおもちゃを近づけると怖がることが知られている。これは、②の扁桃体を介するルートが生きているからである。「認知」という意味では見えないにもかかわらず、サルはヘビを脅威として知覚するのだ。こうした現象を「Blind Sight」(盲目の視覚)と呼ぶ。大脳皮質が発達していない下等動物では、こちらの経路がおもな視覚の経路といえる。むしろこちらのほうが、生き残っていくためには必要なのである。

カエルはヘビを知覚すれば逃げるし、餌を見れば舌を伸ばして摂食する。これらも原始的な情動の機能によるものといえる。そしてこうした機能は、進化の過程で、別系統のさらに精細な情報処理器官である大脳皮質が増築されても、上書きされることなく、並列につながれて私たちの脳の中にも生きているのだ。

情動とは外界の情報に対してどのように対応すべきかを決めるメカニズムである。そのためには「痛ければ逃げる」などのリアルタイムな状況に適応するだけではなく、過去の経験をデータベースとし、その情報に照らして最適な行動と身体反応を惹起するために、記憶のシステムを兼ねそなえる必要がある。そこで、大脳辺縁系には海馬や扁桃体が存在するわけだ。

一方で、記憶の立場からいえば、「何を優先して記憶として残し、想起しやすいようにしておくか」という問題がある。脳の記憶容量は有限であり、日々の出来事をすべて正確に残しておくことはできない。膨大な記憶は逆に、情報公害になってしまうだろう。そこで扁桃体では、「生存にとって意味が大きいかどうか＝情動的価値が高いかどうか」を判定して、記憶に重みづけをしているのである。

「こころ」と認知の乖離

大脳辺縁系は感覚系からの情報を受けて情動を惹起することを、少しくわしく述べてきた。あらためていえば感覚系からの情報は、視床を介して大脳皮質で処理されるとともに、並列の経路として扁桃体の外側に入力し、扁桃体で処理される。何かを物理的に「認知する」こと、その何かについてなんらかの情動を惹起する、つまり「感じる」のは別の経路であり、脳の別の部分なのである。何かを感じとって「こころ」が処理するということは、その両者が組み合わさったものであるともいえる。

認知と情動が別々の機能であることは、分離脳患者の例によっても示されている。分離脳手術とは、重症のてんかん症状を治療するために、脳の左右半球の間にある脳梁を離断する手術である。

ほとんどの場合、言語機能をつかさどる言語野は左半球にあるので、分離脳手術を受けた人が話す内容は、左半球に存在する情報からしか得られない。たとえば、目を閉じて、触っただけですぐに何だかわかるような形状のものに左手で触れたとしても、本人はそれが何かわかっていても、言葉でそれが何かを答えることは不可能となる。視覚系は半交叉というシステムをもっており、右の視野は左半球で、左の視野は右半球で処理している。そのため分離脳患者は、右視野に提示したものは容易に言葉にできるが、左視野に提示されたものを言葉で言い表すことはできないのだ。

ニューヨーク州立大学の神経科学者マイケル・ガザニガは、『二つの脳と一つの心』という著作で分離脳患者の脳について詳細に述べている。そのなかで注目に値するのは、ある分離脳患者の左右半球に、さまざまな情動刺激を提示する実験である。

左半球に視覚刺激を提示するために右視野に何かを見せれば、彼は正確にそのものが何かを語ることができたし、文字を見せれば読むことが可能だった。左半球に言語野があるからである。しかし、左視野に何か文字を提示しても、彼はそれを読むことができなかった。つまり、言語野のある左半球には視覚情報が届いていないからである。

しかし彼は、それが自分にとって好ましいものか好ましくないものかは正確に示すことができた。たとえば、「母親」という言葉やイメージを見せれば、読めないにもかかわらず「好ましいもの」としたし、悪魔という言葉やイメージを見せると「悪いもの」とすることが可能だった。

つまり分離脳患者では、認知に関わる情報は、左右の半球で別々に処理されているが、情動にかかわる情報は、右半球に入力されたものは左右どちらの半球にも届けられると解釈される。

こうした不思議なことが起こるのも、事柄を認知することにおける物理的側面と情動的側面が別々の経路によって処理されているからである。つまり、分離脳患者の右半球になんらかの情報が提示された場合、左半球はそれが「何であるのか」を言語的には理解していない。しかし、それにもかかわらず、「好きか嫌いか」といった情動的判断は行われているのである。

この現象は、先に述べた「Blind Sight」（盲目の視覚）とも似ている。視覚野を切除したサルが、ものを見ることはできなくなるのにヘビのおもちゃを近づけると怖がったという現象だ。つまり、「何か」がわからないのに、恐怖という情動だけが生じていたことになる。

こうした現象はすべて「ものを物理的に精密に認識する機能」と、「そのものに対してなんらかの情動を引き起こす機能」が別々の神経回路によって伝えられているから起こる。それは言い方を変えれば、進化的にはまず、「情動を引き起こす機能」が先にできあがり、そのあとで「精密に物理情報をとらえ、分析する機能」が増築されたからともいえる。

痛みを含む体性感覚（体の状態を伝える感覚）も、二重のシステムによって伝達される。痛みはもっとも根源的な嫌悪刺激である。身体に傷害を受ける危険を検出するための「痛み」という感覚こそ、「恐怖」という情動をつくる根本的な信号であるともいえる。

痛みを伝える経路は、末梢神経のレベルですでに2系統に分かれている（図３－６）。一つは、太い有髄神経（Aβ線維）である。これは脊髄の後ろ側（後根）から中枢神経に入り、脊髄視床路という経路を通って、視床を経て、大脳皮質の一次体性感覚野に入力する。太い線維は速い伝達速度をもち、すばやく脳に情報を伝えることができる。

もう一つは、C線維と呼ばれる細い線維である。これは視床の髄板内核という部分を経て、扁桃体に入力してくる。ゆっくりとした速度をもつ情報だが、痛みの「不快さ」を伝えるのは、このゆっくりとした経路なのだ。

鋭い刃物で指などを怪我したとき、最初に「鋭い痛み」（一次痛）を感じ、そのあとにじわじわ、あるいはジンジンとした「鈍い痛み」（二次痛）を感じるだろう。不快さを感じるのは、ほとんどが二次痛である。一次痛は痛みといっても「不快さ」という情動ではなく、傷を負った場所の情報を伝えているのだ。

「無痛無汗症」という病気の患者は、先天的にC線維をもっていないので、二次痛を感じない。そのため、痛みに不快を感じないので痛みを避けることを学習できず、子供のころから頻繁に怪我をする。骨折を繰り返したり、傷を負っても手当をしなかったり、自分で庇（かば）いもしな

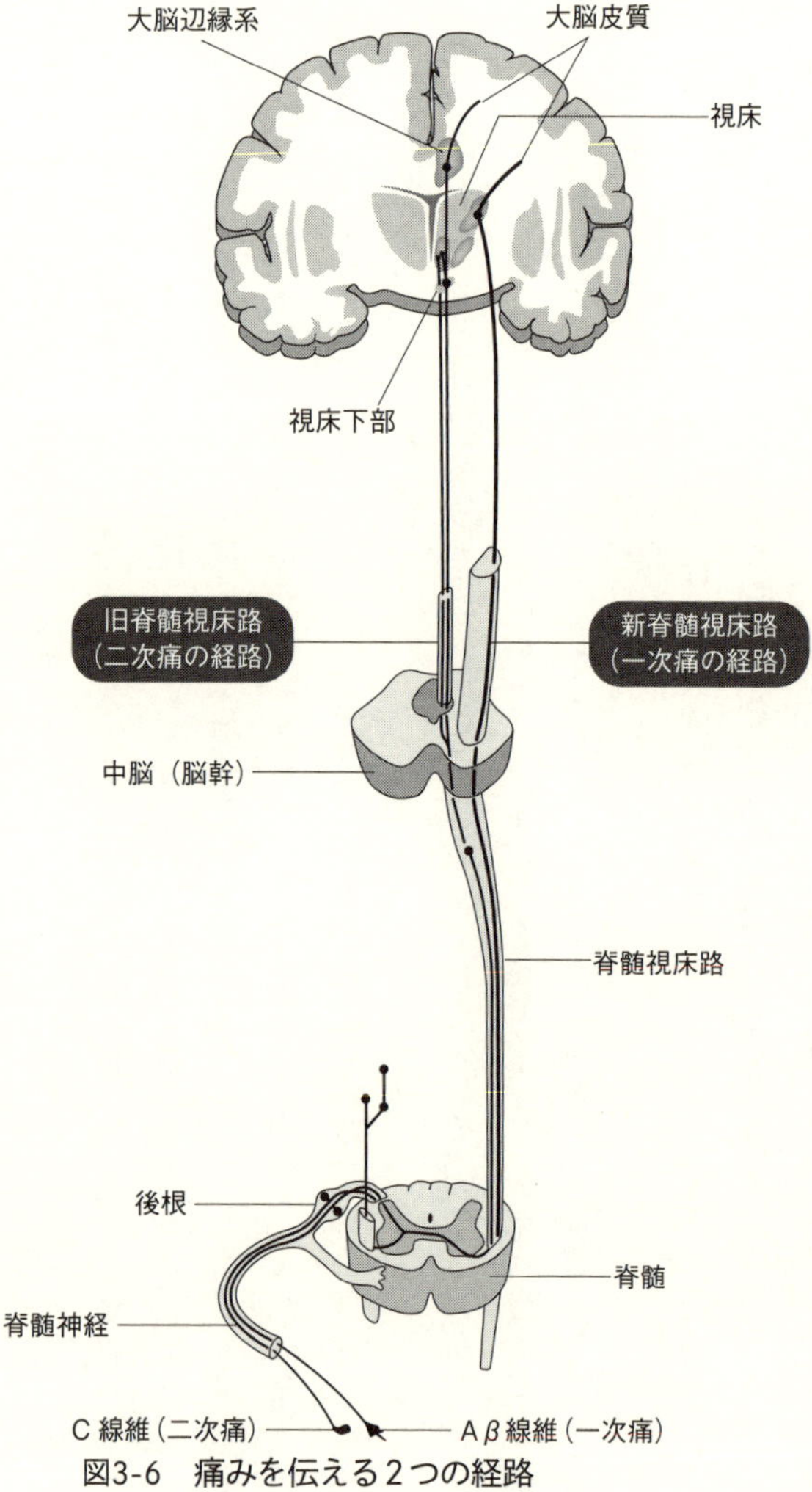

図3-6　痛みを伝える2つの経路

いため、悪化して手指を切断しなくてはならなくなってしまうことさえある。痛みが不快情動をともなわなければ、身体は破壊されてしまうのである。

「こんなことをしたら痛い目にあう」という学習は、生存していくために絶対必要なのだ。

第３章のまとめ

1 情動は大脳辺縁系でつくられる。

2 大脳辺縁系は記憶にも深く関わっており、海馬は陳述記憶の生成に、扁桃体は情動記憶の生成に重要である。

3 感覚は大脳皮質と大脳辺縁系で並列処理され、前者は感覚情報の物理的側面を、後者は情動的側面を受けもつ。

第4章 情動を見る・測る

無駄な1日とは、笑いのなかった日のことである

——— チャーリー・チャップリン

情動は意識を超えて、強く動物の行動に影響を与える。言い換えれば、行動とは、情動システムのアウトプットの一つといえる。情動が行動におよぼす力は、ときに意志の力を大きく上回る。喜びのあまり叫んだり走り回ったりするのをやめられないことや、悲しみや感動のあまり溢れ出す涙を止められないことは誰にでもあるはずだ。この章では、こうした行動というかたちで表れてくる情動を、どのように科学的にとらえるかを考えてみよう。

恐怖を感じた小動物の「3F」

恐怖を感じたとき、齧歯類(げっしるい)のような小動物は、大きく分けて三つのパターンの行動をとる。すくみ行動（Freeze）、闘争行動（Fight）、逃走行動（Flight）の、つまり「3F」である（図4－1）。

すくみ行動とは、恐怖対象に対峙したとき、動かなくなってしまうことである。一般的に動いているもののほうが捕食者の目にとまりやすいので、動かないことは合理的な行動といえる。しかし、場合によっては逃げたり（逃走行動）、戦ったり（闘争行動）したほうが生存する確率が高いシチュエーションもあるので、動物はその状況に応じて行動を選択する必要があ

図4-1　恐怖を感じた小動物の行動
（右から）すくみ（Freeze)、逃走（Flight)、闘争（Fight）の「3F」

る。たとえば、自分がすでに目の前の捕食者の目にとまってしまっているにもかかわらず、すくみ行動をとって動かずにいたら、生存確率を高めるどころか、ひとたまりもないだろう。このように状況に応じて行動パターンを選ぶ際には、前頭前野による大脳辺縁系の制御も関わっている。言い換えれば、この部分が「意識」であり「意志」である。

ヒトを含めて、大きな動物を観察すると、恐怖の情動が発動しているときには、表情も恐怖をともなったものとなることがわかる。表情も表情筋がつくる一種の「行動」なのだ。逆に、報酬が得られる期待があるなど、強い期待や喜びがあるときにも、動物の行動は強く影響を受ける。表情も期待感や喜びに満ちたものになり、笑いが生まれることもある。

こうした「意識下の機能」としてあらわれてくる情動は、どうすれば客観的に評価できるのだろうか。

情動を評価するポイントは「行動」「自律神経系」「内分泌系」

情動を科学的・客観的に評価するためには、次の三つの観点が重要となる。

第一に、ヒトや動物の行動を観察することが大きなヒントとなる。前述のように表情もまた行動のひとつであり、大いに参考になる。

第二に、自律神経系の動きもヒントになる。顕著な情動は、それが歓喜や興奮のようにポジティブなものであれ、恐怖のようにネガティブなものであれ、自律神経系のうちの交感神経系の興奮を惹起する。その結果、心拍数は上がり、発汗が見られ、瞳孔は散大し、血圧や呼吸数も上昇する。これは脳が身体に、「非常事態に備えた臨戦態勢をとれ」と自律神経系を介して命令を下しているからであり、具体的には扁桃体が視床下部外側野に情報を送ることによって起こる反応である。さらに視床下部は、脳幹を介して交感神経を興奮させる。

第三に、情動の発動は、内分泌系に影響を与える。ポジティブな情動もネガティブな情動も、視床下部においてコルチコトロピン放出ホルモン（ＣＲＨ）の産生と分泌を促す。ＣＲＨは下垂体門脈（かすいたいもんみゃく）と呼ばれる部分に放出され、これが血流に乗って下垂体前葉に運ばれ、副腎皮質刺激ホルモン（ＡＣＴＨ）を産生する細胞に働きかけて、血液中にＡＣＴＨを放出させる。ＡＣＴＨは血流に乗って副腎皮質に行き、ストレスに対応するホルモンである糖質コルチコイド（グルココルチコイド）を分泌させる。このホルモンは血糖値を上昇させたり、免疫系を抑制して炎症を抑えたりするなど全身に広汎な作用を及ぼし、ストレス状況に対抗する。第２章で述べたストレス応答である。

したがって、その動物の情動がどのような状態にあるかを知るには、行動、自律神経、内分

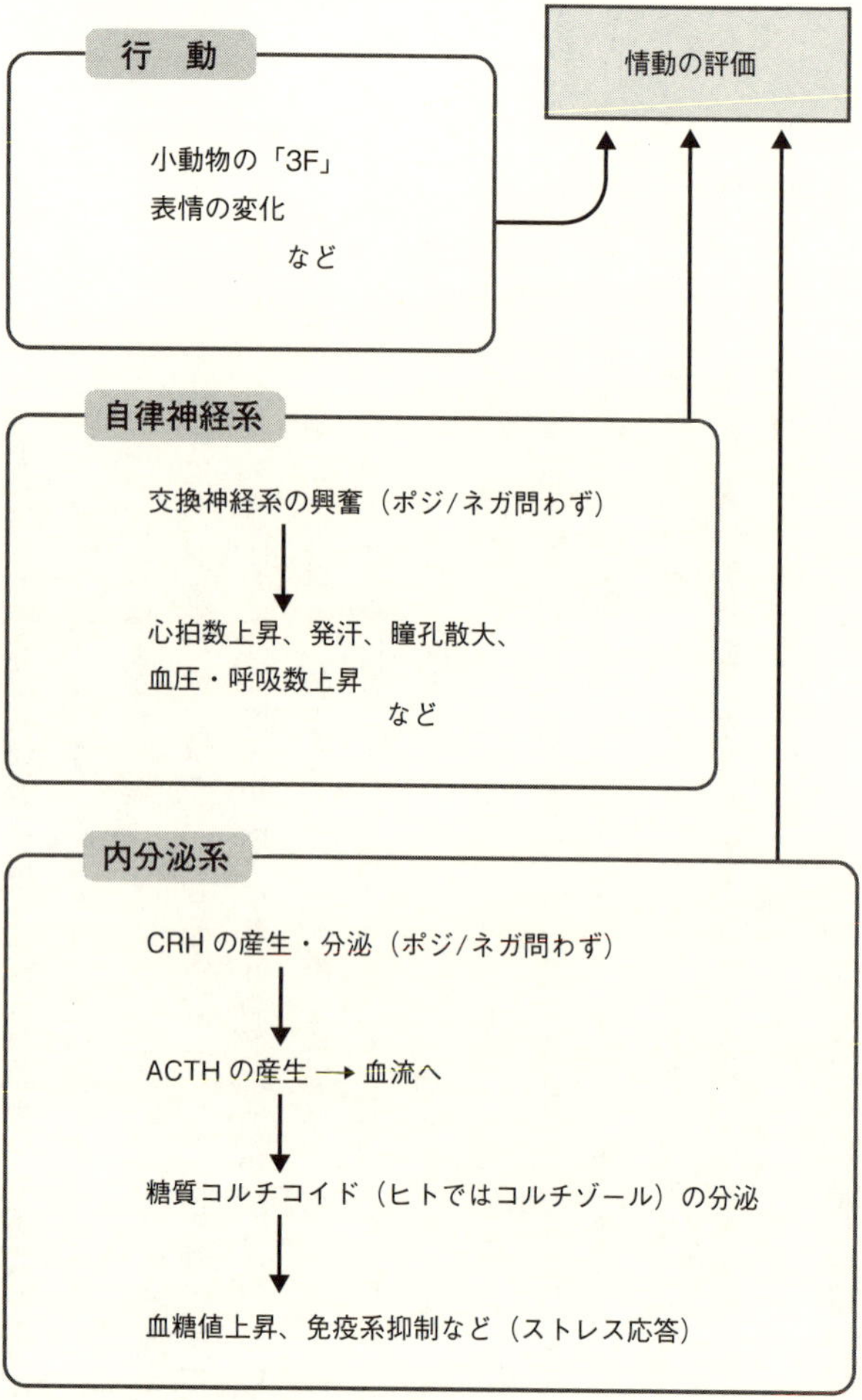

図4-2　情動を評価する3つのポイント

泌がどのような状況になっているかを観察すればよいことになる（図４－２）。そのための具体的な方法が、さまざまに提案されてきている。

動物を用いた行動実験

近年の生命科学では、実験動物としてもっとも多く用いられるのはマウスである。繁殖のサイクルが早く、また、遺伝子改変が可能であり、さらに、遺伝的に均一な実験用のマウス種が開発されていることは大きなメリットだ。

しかし、こうしたメリットの反面、マウスを使って情動を知るには、乗り越えるべき困難も多い。マウスの行動を見て、そのマウスがいま「不安を感じている」「恐怖を感じている」「喜んでいる」などと判断するのはきわめて難しい。情動表現は動物種によって大きく異なるので、マウスの情動を擬人化して観察するようなことはできないのだ。

それでも、長年のマウスの行動観察の結果から、「行動実験」と総称されるさまざまな実験手法が生みだされ、それぞれの実験でどのような行動が観察されたらマウスの情動がどのような状態なのか、対応づけることができるようになってきている。それを用いて、創薬の過程で薬効を調べることにも役立てられている。このように動物を用いた実験では、ある状況に対しである特定の行動が観察された場合、そこから情動を推測するが、これには研究者の間でコンセンサスの得られた基準が必要になる。

例として、情動の評価に使われる行動テストのうち、代表的なものをいくつか取り上げ、簡単に説明する。動物（おもにマウス）を用いた行動テストというものの概念を知ることで、情動がどのような行動として表れるのか、理解を深めることができると思うからである。

マウスの実験では、「不安」「うつ」などを示唆する行動を「不安様行動」「うつ様行動」などと表現する。「様」というのは、観察者はマウスの行動を見て判断するので、マウスが不安やうつの状態にあるかどうかを「主観的」には断定できず、あくまでも行動から第三者が解釈したという意味である。しかし、ここではわかりやすく、単に「不安」「うつ」などと表記することにする。

マウスの行動をテストする

明暗選択テスト（Light/dark transition test）

マウスの不安を調べるテストである。夜行性であるマウスは、暗いところを好む。暗いと捕食者に見つかる危険性が低いので、安心できる。一方でマウスには新しい環境（新規環境）を探索するという性質もある。そこで、暗い部屋と明るい部屋がつながった形の実験装置を使う。マウスは両方を行き来することができる。新規環境を探索する性質と、それに対する不安のバランスが、マウスの行き先を決めることになる（図4－3）。

マウスを装置の暗い部屋のほうに置き、一定時間の間に、暗い箱と明るい箱を行き来した回数、それぞれに滞在していた時間、最初に明るい箱に入るまでの時間を観察する。明るい部屋の滞在時間が短い、行き来した回数が少ない、最初に明るい箱に入るまでの時間が長いほど、マウスは不安が高いとされる。

オープンフィールドテスト（Open field test）

マウスを広く明るい箱（オープンフィールド）に入れ、一定時間（5分から2時間程度）、自由に探索させる。この箱はマウスにとって初めて探索する環境（新奇環境）である必要があり、以前に同じ箱を使ったマウスは使用できない。ここでマウスの移動した距離、立ち上がった回数、毛づくろい行動や、どのくらい中央部分に出てくるか、などを測定する（図4－4）。

マウスは明るく広い場所を危険な場所として嫌う傾向があり、周辺の壁沿いを好む。このこ

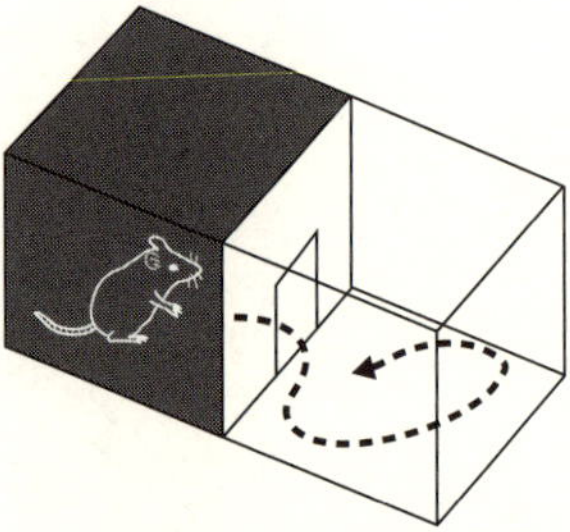

図4-3　明暗選択テスト

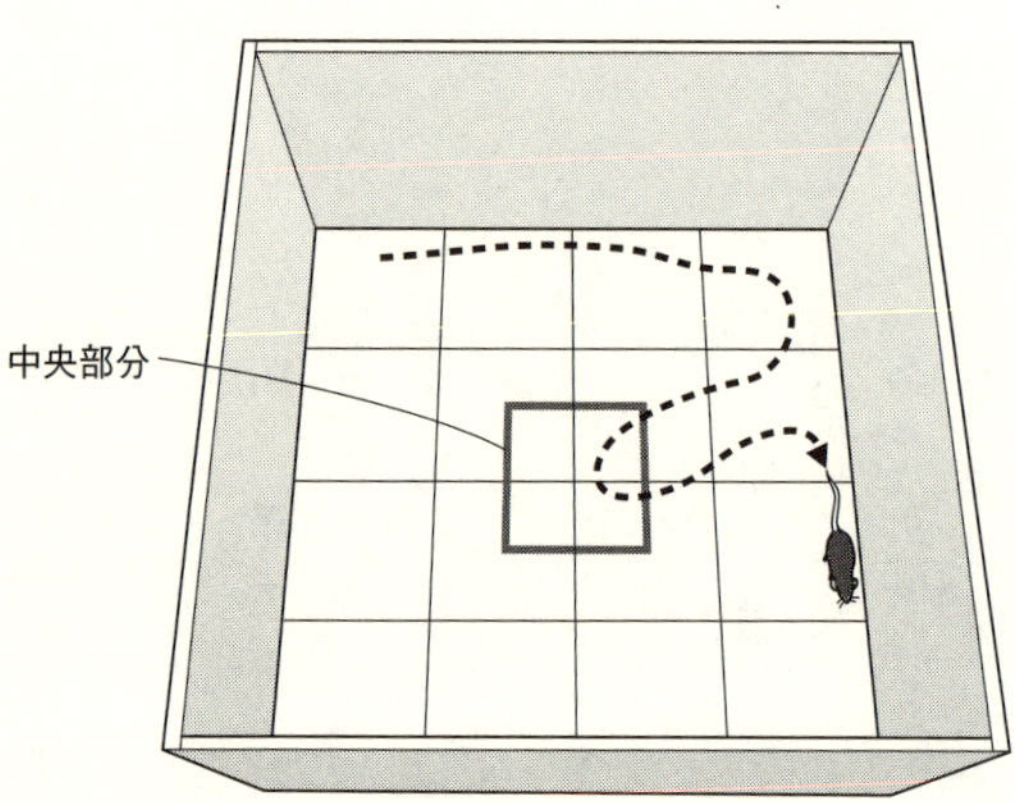

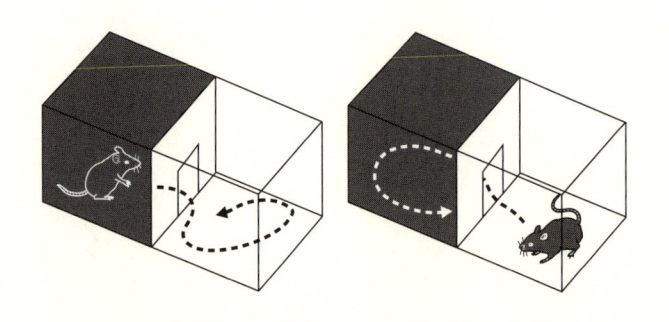

図4-4　オープンフィールドテスト

とを利用して、マウスが中央に出てくるほど不安が低いと評価する。

高架式十字迷路テスト（Elevated plus maze test）

十字形の通路をつくり、それを高い脚を使って高い場所に設置しておく。交差する通路のうち、一方には壁をもたせ（クローズドアーム）、もう一方は壁をなくしてある（オープンアーム）。この通路の中央にマウスを置いて自由に探索させ、それぞれの通路に入った回数や、滞在していた時間を測定する（図４－５）。

マウスは壁のある場所を好み、また高所を避ける性質があり、不安が高いほどその傾向が強くなる。したがってオープンアームに進入する回数や滞在時間が増大していれば、不安の低下が示唆される。逆に、それらの数値が減少していれば、不安の増加を意味する。

このテストの結果は抗不安薬の影響を受けることが知られており、ヒトにおける不安に類似した行動として評価されている。

ポーソルト強制水泳テスト（Porsolt forced swim test）

水を入れた円筒形の容器にマウスを入れる。水に入れた直後には、マウスは脱出しようと動き回るが、次第に遊泳しなくなり、動かない時間（無動時間）が増えていく。努力しても逃げられないということを悟るわけだ。そして、無動時間が長ければうつの増加、短ければ減少とされている。無動時間は抗うつ薬によって減少するので、長く抗うつ薬のスクリーニングに用いられてきた。

尾懸垂テスト（Tail suspension test）

尾尻を使ってマウスを逆さに吊るし、動かない時間（無動時間）を測定する。マウスは脱出しようと動き回るが、次第に動かない時間が増えてくる。動かないのは一種の「あきらめ」であり、うつ状態では長くなるとされている。無動時間が長ければうつの増加、短ければ減少、と解釈される。

モリス水迷路テスト（Morris water maze test）

陳述記憶の一種である空間記憶のテストである。水を張った円形の小さなプール内で、水面下に設置された退避用プラットフォームを、マウスに泳いで探索させることで記憶を測定する（図4-6）。水には色をつけてあり、水面下のプラットフォームが見えないようにしておく。

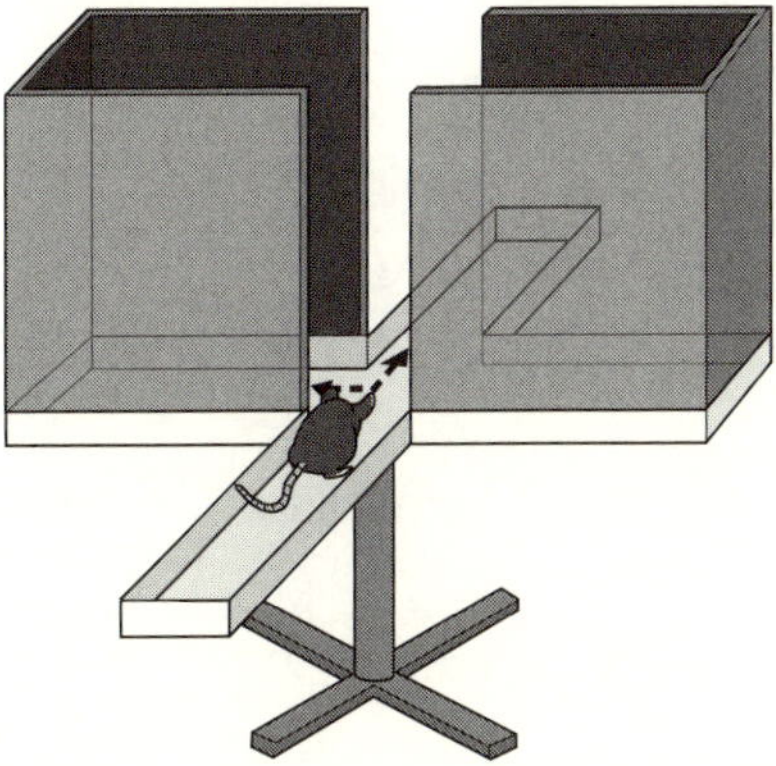

図4-5　高架式十字迷路テスト

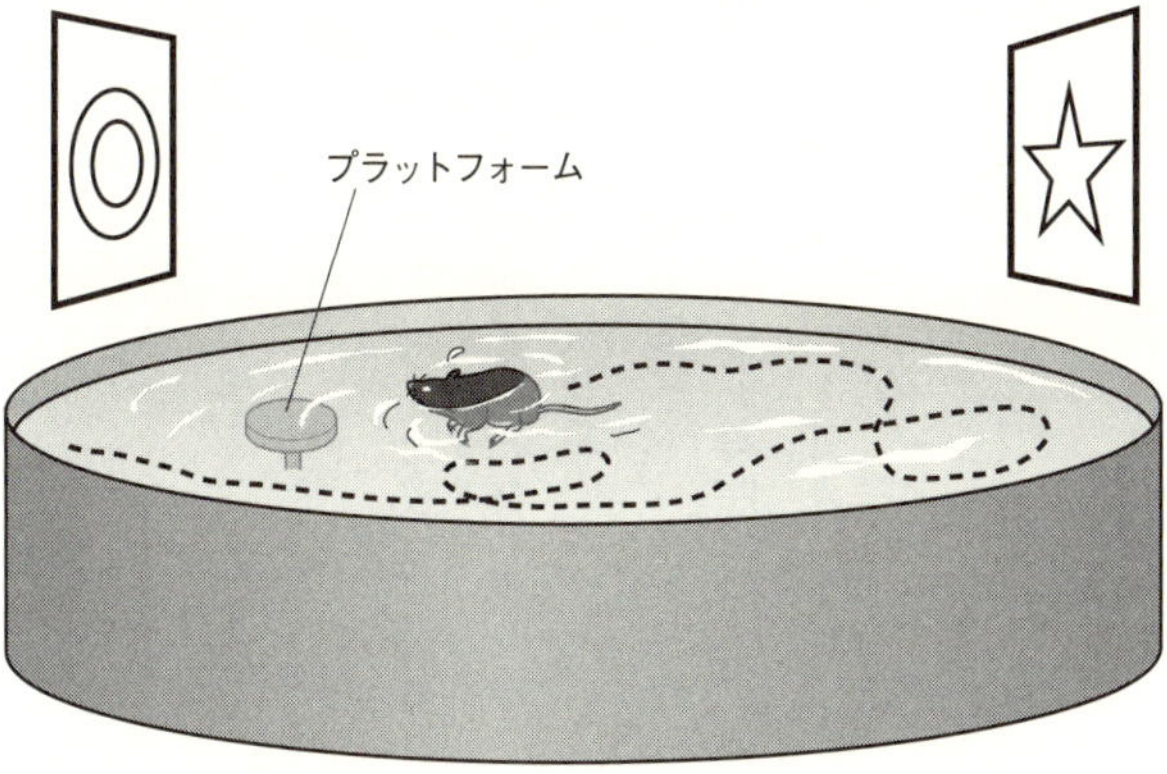

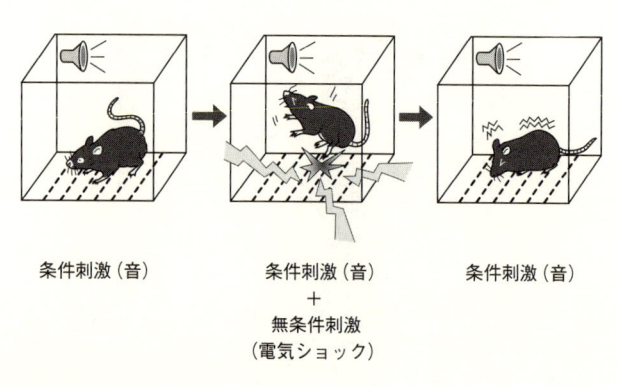

図4-6　モリス水迷路テスト

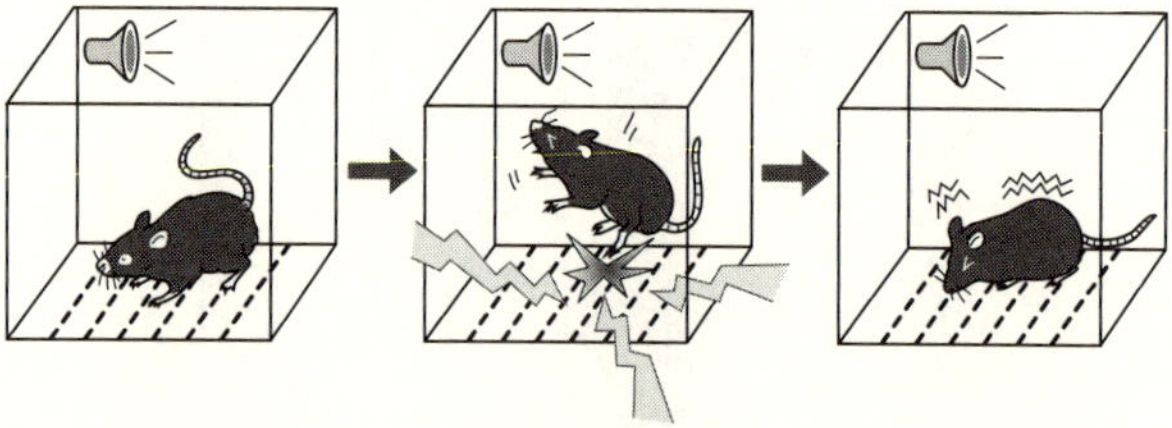

図4-7　恐怖条件づけテスト

また、プールの周りには場所を探る目的になるものを置いてテストする。

恐怖条件づけテスト（Fear conditioning test）

情動記憶に関するテストである。マウスを特定の箱に入れて、音や光などの感覚刺激と、電気刺激などの嫌悪刺激を同時に、あるいは短時間に続けて与える（図4－7）。この電気刺激のような、学習をしなくても恐怖という情動を惹起する刺激を「無条件刺激」という。一方、恐怖に条件づけをする音や光などの刺激を「条件刺激」と呼ぶ。条件刺激は、情動を惹起しない（つまり中性の）刺激でなくてはならない。こうした手続きを「恐怖条件づけ」と呼ぶ。

このとき、マウスは大きく分けて2種類の条件づけがされている。一つは、マウスを入れた箱という環境に関する情報（これを「文脈」と呼ぶ↓第3章参照）と、無条件刺激（＝電気刺激など）によって惹起される恐怖を結びつけて記憶する「文脈による恐怖条件づけ」である。もう一つは、音や光などの条件刺激と、恐怖を結びつける「手がかりによる恐怖条件づけ」である。

条件づけしたあと、同じ文脈（＝箱に入れて電気刺激を与える）や手がかり（＝条件づけのときに与えた音などを聞かせる）を与えたときに、マウスがすくみ行動（フリージング）を示した時間を測定する。

一般的に、手がかりによる情動記憶では海馬ではなく扁桃体が手がかりと恐怖を結びつけて記憶しているとされる。したがって、手がかりによる恐怖記憶の想起には、恐怖を受けたときのエピソード記憶がない場合もある。一方、文脈による情動記憶には、扁桃体だけではなく海馬が必要である。文脈は陳述記憶と関連しており、陳述記憶を記録するためには海馬が必要だからだ。この実験は文脈と手がかりという2種類の条件づけによって、海馬と扁桃体と情動の関わりを見ることができる。

ここであげた行動テストはごく代表的なもので、実際にはさらに多くのテストが存在する。

いずれにせよ「行動」を観察することで、その動物の情動をある程度把握することができる。マウスのみではなく、どんな動物の情動も行動に表れる。もちろん、人の情動も行動に表れる。情動はその人の表情や行動を見ることで推測することが可能であり、そのことは人と人の間のコミュニケーションの上で重要である。人は人どうしで、無意識のうちに情動のやりとりをしているし、同じ種であるから、人の情動が人にはいちばんわかりやすいといえる。演劇や映画などの俳優は、表情や行動によって、その役の情動（感情）を模造的に表現している、ということもいえるだろう。

自律神経系から見た情動

自律神経系には交感神経系と副交感神経系があり、多くの場合、正反対の機能を持っている。情動に深く関わる視床下部、とくに視床下部外側野は、脳幹などに働きかけて交感神経系の興奮を促す。恐怖のような、多くの人が「好ましくない」と感じる情動も、逆に喜びのような、多くの人が「好ましい」と感じる情動も、同様に交感神経系を優位にする。非日常性が高い（顕著性が高い）情動ほど、強い応答を生む。

したがって、情動が発動しているかどうかの目安として、交感神経系の制御を受ける心臓や血管系の機能は重要な情報になる。情動が発動すると、交感神経系の興奮が高まるため、心拍数や血圧が高くなり、手掌などには発汗が見られる。このような機能を指標にして情動を観察することが可能である。

いわゆる「うそ発見器」は、この自律神経系の動きを応用したものである。「うそ発見器」というのは俗称であり、実際には心拍数や発汗などの生理的な現象を測定するポリグラフという装置である。被験者が嘘をつくことによる情動の高まり、緊張感が交感神経系を興奮させ、発汗の促進や心拍数の亢進を生むので、それを測定することによって嘘を見破るというものである（実際にはさまざまな条件に影響を受けるため、確実に嘘が見破られるものではない）。

前にも述べたが、交感神経系は全身の機能を高めて臨戦態勢にするための機能をもっていると考えるとわかりやすい。心拍数や血圧を上げ、筋肉への血流も増やす。消化管機能は低下させ、瞳孔は散大する。

一方の副交感神経は、まったく逆の機能を持っている。心拍数や血圧、全身の代謝は下がり、休息モードに入る。消化管機能は亢進し、瞳孔は小さくなる。

顕著な情動刺激は、それが「好ましいもの」であれ、「嫌悪すべきもの」であれ、交感神経系の機能を高める。「吊り橋効果」の例をあげたように、好きな人に会ったときにも、恐怖に襲われたときにも心臓がドキドキすることに変わりはない。したがって、自律神経系の機能を反映する心拍数や血圧、呼吸数、発汗、瞳孔の様子などは、情動を知るよい手がかりになる。

さらに正確に交感神経系への影響を調べるには、腎臓などに分布する交感神経系の線維から電気活動を記録することもある。

しかし、状況によっては、恐怖の発動にともなって副交感神経である迷走神経が優位になることもある。たとえば、マウスにキツネの糞に含まれる成分であるＴＭＴという物質を嗅がせると、体温が低下し、心拍数が下がる。こうした応答はヘビの抜け殻の匂いをマウスが嗅いだときにも起こる。ヘビは獲物を探すときにピット器官という装置を使って体温を検出するので、マウスが体温を下げるのはそれに対応する機能であるとも考えられる。恐怖で脱糞することもあり、これも消化器系を制御する迷走神経の活動上昇によるものである。

ヒトにおいても、気持ちが悪くなるような画像を見たときに「気分が悪い」と感じるが、これは、消化器系の応答を認知しているものであり、実際に迷走神経の過剰興奮により心拍数や血圧が低下し、ひどいときには失神を伴うこともある。

このように、自律神経系も常に定型的な応答を示すわけではない。ただし、情動応答には強い自律神経系の動きがともなっていることは間違いない。状況により、交感神経系の応答である場合もあり、副交感神経系の応答が出てくる場合もあるということだ。どのような機構でそれが使い分けられているのかは、まだよくわかっていない。しかし、いずれにせよ情動応答には、なんらかの自律神経応答が必ずセットになっているのだ。

内分泌系から見た情動

視床下部に存在する室傍核（しつぼうかく）という部分は、内分泌系の制御に深く関わっている。情動に深く関わる大脳辺縁系は、この部分に信号を送り、内分泌系に影響を与える。顕著な情動は、それがポジティブなものでもネガティブなものでも、その情報が大脳辺縁系から室傍核に送られて、前に述べたストレス応答を引き起こす。そのためストレス応答の動きをとらえることが、情動を客観的にとらえるために役に立つ。そこで復習になるが、少しくわしくこの機構について述べておこう。

室傍核には、コルチコトロピン放出ホルモン（ＣＲＨ）やアルギニンバソプレッシン（ＡＶＰ）を産生する神経細胞が存在する。これらの神経細胞は、大脳辺縁系からの信号を受けて興奮し、下垂体門脈と呼ばれる静脈内にＣＲＨやＡＶＰを放出する。これらは血流に乗って、下垂体前葉に到達し、副腎皮質刺激ホルモン（ＡＣＴＨ）を産生する内分泌細胞に働きかけ、血液中にＡＣＴＨを放出させる。ＡＣＴＨは、血流に乗って副腎にまで到達し、「糖質コルチコイド」と呼ばれる副腎皮質ホルモンを放出させる。これらのしくみは第２章でも述べたとおりである。したがって、これらのホルモンの動きを測定することによって情動の評価に役立てることができる。

糖質コルチコイドは、全身組織の代謝に影響を及ぼし、血糖値を上昇させるなど、ストレスに対処するための態勢をつくるホルモンだが、また同時に、脳にフィードバックして情動にも影響を与えてもいる。このことは第５章でまた述べることにする。

脳機能画像解析

ここまで見てきたように、動物やヒトの情動の客観的な評価は、（表情を含む）行動、自律神経系の働き、内分泌系の動きを観測・測定することによって可能になるのだが、さらに最近では、脳の働きを直接観察することも可能になってきている。ＰＥＴ－ＣＴ（陽電子放出断層撮影）やfMRI（機能的核磁気共鳴画像）などの脳機能画像解析技術を用いることにより、脳の各部の血流や代謝の状態を三次元的な画像としてとらえることができるのだ。

情動の研究においてもfMRIはとくによく使われている。これはヘモグロビンの酸素飽和度が関わる信号の検出を用いて、脳の各部での血流の状態を見る技術である。一般に、脳の局所で働く調節作用により、脳活動が高いほど血流は増えることが知られている。このことを利用して脳各部の活動状態をＢＯＬＤ（blood oxygen level dependent）信号という指標を用いて測定するものである。

ヒトにおける情動研究では、さまざまな情動刺激を提示したときに起こる脳内の反応についてＢＯＬＤ信号を用いて計測されている。ＭＲＩ装置の中にセットされたモニターに感情を惹起するような映像を提示し、脳をスキャンすることが多い。

たとえば、ヒトのさまざまな表情を提示すると、扁桃体が賦活する（機能が活発になる）ことはよく知られている。とくに「怒り」や「恐怖」のようなネガティブな情動を示す表情は、強く扁桃体を賦活する。つまり、他者がこうしたネガティブな表情をしているのを見た人は、その脳内では扁桃体が賦活していると考えられる。恐怖を表現している人がいるということは、その環境や周辺に恐怖を惹起するなんらかのものが存在していることを意味するので、それに応じて扁桃体のシステムをオンにして、自律神経系や内分泌系を介して臨戦態勢を整えることは、理にかなっている。

また、そのときは他者の恐怖の表情を見た人の脳内でも恐怖情動と同様の応答が引き起こされているはずであり、これは、情動の共感であるともいえる。表情は情動という情報を伝えるためのコミュニケーションツールなのだ。

動物実験で神経細胞を追う

さらに、動物を使った情動の実験では、ヒトを対象とした実験では不可能な、さまざまなことが行われている。

神経細胞の活動は、Fos、Arc、Zifといった、神経活動の高まりに応じて産生され、速やかに分解される寿命の短いタンパク質の発現をともなうことが多い。そこで、特定の情動刺激を与えたのち、動物の脳を取り出して、切片をつくり、これらのタンパク質の抗体を用いて組織染色をすると、どの領域が興奮していたかを調べることが可能である。

たとえば、マウスを恐怖条件づけしたのちに、恐怖と組み合わせた音や文脈に暴露し、Fosタンパク質の発現を調べると、大脳辺縁系の扁桃体や分界条床核などが興奮していた痕跡を、細胞レベルの分解能で見つけることができる。

しかしながら、こうした組織学的な検討は、動物を犠牲にしなくてはならず、また、時間差があるので、リアルタイムで生きている動物の脳内の神経活動までを見ることは不可能だ。そこで、脳内の特定の場所にさまざまな電極を刺入し、その部分に存在するニューロンの活動をモニターする研究も行われている。

近年では、細胞質内のカルシウム濃度によって発する蛍光の強度が変動する性質をもつ蛍光タンパク質（GCaMP6など）を用いて、それを特定の神経細胞に発現させ、脳内に光ファイバーを刺入して蛍光をモニターする方法（ファイバーフォトメトリー）や、脳内に超小型の内視鏡を挿入して、細胞レベルでカルシウム濃度の変動をモニターする技術も使用されている。

神経細胞の活動には通常、カルシウム濃度の変動が伴うので、カルシウム濃度をモニターすることでニューロンの活動をリアルタイムでモニターできるというわけだ。この方法では特定の神経伝達物質をもった局所のニューロンの活動を、同時に複数追いかけることが可能になる。今後はこうした技術により、大脳辺縁系に存在するどのようなニューロンが情動の制御にかかわっているかが、明らかになっていくだろう。

「暴れ馬」と「御者」の関係

このように、情動は生体内外の状況変化に応じ、行動・自律神経系・内分泌系を動かし、その変化に対応するためのものである。

それでは、どのような機構でこうした変化を引き起こしているのだろうか。第3章の復習もかねて、脳内の機構に関してわかっていることを見ていこう。

動物は外界の状況を、感覚系を通して感知する。つまり、見る、聞く、加速度を感じる、触って感じる、という機能である。感覚系からの情報は基本的に視床を経由して大脳皮質に到達する。視床は脳の深部にあり、多くのニューロンがこの部分に投射し、シナプスを経て別のニューロンに乗り換えている、いわばハブのようなものだ。しかし五感のうち嗅覚のみは、視床を介さずに大脳皮質に到達している。

視覚は眼球の網膜で検出されたのち、外側膝状体という視床の一部でシナプスを介して他のニューロンに乗り換えて、後頭葉の一次視覚野に到達する。この情報は視覚連合野で統合されて、「視覚」として認知されることになる。第1章でも述べたように、大脳皮質では、視覚に関わる物理的な情報が高精度に処理される。

一方で、見たものには「美しい」とか「気味が悪い」などのさまざまな感情がともなうものだが、それらは大脳皮質ではなく、大脳辺縁系が情報を処理した結果だ。扁桃体外側部は、感覚系からの情報を受け取る場所でもあり、記憶を保持する場所でもある（記憶といっても言語的な記憶＝陳述記憶ではなく、特定の感覚を特定の情動と結びつけるための記憶である）。
大脳皮質は精密な物理情報を処理するが、大脳辺縁系は情動的側面を処理する。言い方を換えれば、感覚情報が動物にとって価値をもつのは、それが情動的に顕著なもの、つまり恐怖の対象や大きな報酬など、なんらかの行動を起こす必要がある情報である場合であり、それを判断することこそが大脳辺縁系の役割である。大脳皮質の感覚野は、感覚情報を物理的により精細なものとして認知するため後づけのシステムとして発達してきたもの、と言ってもよいのだ。

たとえば、山道を歩いているときにふと目の前に、ロープのような、あるいはヘビのようなものが見えたとしよう。それが「ヘビだ」と意識が気づくより早く、扁桃体は興奮している。そして、それは自律神経系の働きに反映され、心拍は速くなる。虫嫌いの人が、黒い紙片をみて「きゃっ！」と悲鳴をあげることもある。大脳皮質が情報処理をして見ているものがヘビなのかロープなのか、虫なのか紙片なのか判断する前に、身体は反応するのだ。これは、逃避体勢をできるかぎり速くとるためだ。正確な判断よりもスピード重視なのである。

しかし、ひっきりなしに入ってくる感覚情報が常に顕著な情動を発生していたら、ストレスでまいってしまうだろう。そこで、前頭前野は適切な制御を扁桃体に与えている。つまり、

「何かをしたいけど、さすがにこの状況ではまずいな」と叫ぶのをやめさせたり、「確かにヘビは嫌いだけど、ここは動物園だからヘビが襲ってくることはないな」と判断したりして、扁桃体にブレーキをかけているのである。ヒトのように前頭前野が発達した動物では、大脳辺縁系が発生する情動の多くは、抑え込まれているといってもよい。情動という「暴れ馬」を前頭前野という「御者」が、手綱を引いて制御しているわけだ。とくに、眼窩のすぐ上にある眼窩前頭前野は扁桃体と強いつながりをもっている。

しかし、脳機能が障害されたり、脳が疲れていたりすると、うまく制御ができず、感情が暴走してしまうこともある。認知症になったり、酒に酔っていたり、一種の精神疾患に罹ったりすると、涙もろくなったり、怒りっぽくなったりするのも、そのためである。

第４章のまとめ

1　情動の高まりは表情をふくむ行動、交感神経の興奮、副腎皮質ホルモンの上昇に表れる。

2　情動は行動、自律神経系、内分泌系の測定によって観察できる。

3　脳機能画像解析により扁桃体の興奮を測定することも情動を測定する一手段である。

4　動物を用いて扁桃体や視床下部室傍核の活動を調べることにより、情動を推し量ることができる。

第5章
海馬と扁桃体

かつてはその人の膝の前に跪いたという記憶が、
今度はその人の頭の上に足を載せさせようとするのです
―――― 夏目漱石『こころ』より

人生という時間の中には、たくさんの出来事や想い出が詰まっている。しかし記憶は均一にストアされるのではなく、常に重みづけされながら記録されていく。たとえば、印象に残るパーティーなどで供された美味しい食事のことは、数年たっても鮮明に覚えていることがあるが、なんでもない日常では、2日前の夕食に食べたものも、なかなかすんなりとは思い出せないのではないだろうか。1週間前ともなると、もう困難だろう。

これは、記憶が情動によって重みづけされていることによる。記憶と情動は、「こころ」をつくるうえでどちらも欠かせない、車の両輪なのだ。

そして、この二つの機能を受けもち、互いに密接に関連しあっているのが大脳辺縁系の海馬と扁桃体である。この章では、この二つの構造について、あらためて研究の歴史からひもといていこう。

H.M.氏がもたらしたパラダイムシフト

第3章で、記憶にはさまざまな種類のものが存在し、そのうちの陳述記憶に海馬が大きく関与していることをお話しした。一方、情動記憶には扁桃体が大きく関わっている。この両者は

図5-1　ヘンリー・グスタフ・モレゾン

構造的にもすぐそばに隣り合って存在しており、密接な神経連絡が見られる。このことからも、記憶と情動との深い関連がうかがわれる。陳述記憶は強い情動に影響を受けるし、情動記憶にも陳述記憶をつかさどる海馬の機能が影響する。

「海馬が記憶に関わる」ことは、みなさんの中にも耳にしたことがある方が多いと思う。この考えが確立する過程には、ヘンリー・グスタフ・モレゾンという1926年に米国のマンチェスターに生まれた人物（図５－１）の生涯が大きく影響している。彼は2008年12月に亡くなるまで、長らく「H.M.」というイニシャルで呼ばれてきた。神経疾患に罹患した患者たちが、医学研究の発展に大きな貢献をしたという例は少なくないが、彼ほど有名で、また神経学の一分野に大きく貢献した患者はいないだろう。

1953年、ヘンリー・モレゾンはてんかん治療のための脳手術を受けた。彼は以前より難治性のてんかん症状を患っていた。その原因は9歳のときの自転車による事故であると両親は考えていたようだが、因果関係はよくわかっていない。発作は当初、小発作（欠伸発作）と呼ばれる、一時的に意識を失うものであったが、次第に症状は進行し、16歳ころからは痙攣をともなう強直性間代性痙攣も発症するようになったことから、ハートフォード病院の脳神経外科医ウィリアム・スコヴィル医師にかかり、治療を受けることになった。

難治性てんかんの治療には、その発生源を切除する必要があったが、脳波検査を繰り返してもてんかんの発生源を明確に見きわめることはできなかった。しかし当時、内側の側頭葉を切除することで、てんかん発作が改善した例がいくつか知られていたため、スコヴィルはこの手術に踏み切ることにした。

1953年9月1日、ヘンリーの両側の内側側頭葉皮質と、皮質下の構造が部分切除された。この術前の脳波検査でもやはり、てんかんの発生源は明らかになっていなかったが、このとき、スコヴィルは実験的に、大胆な切除を行った。

切除は内側側頭葉の広汎な範囲におよび、両側の海馬の前方、海馬傍回、扁桃体のおよそ3分の2および、すべての嗅内皮質と側頭葉の一部と、大脳辺縁系の多くの部分が含まれていた。当時、大脳辺縁系の機能の一部が感情と関連していることはわかっていたが、記憶に関わる機能についてはよくわかっていなかった。

そして、この手術の結果、ヘンリーのてんかん発作はほぼ消失した。しかし、彼はきわめて大きな代償を払うことになった。手術後の彼は、新しい陳述記憶をつくることが永遠にできなくなってしまったのだ。

ヘンリーはどんな経験もほとんど覚えることができなくなった。医師と「はじめまして、よろしくお願いします」と挨拶しても、5分後には忘れており、担当医は毎日、ヘンリーに会うたびに自己紹介が必要だった。ヘンリーは父親の死を知ったとき、強く悲しんだが、そのことを記憶できず、話を聞くたびに初めて父の死を知ったかのように驚き、悲しんだ。

彼が日常生活を送るうえで抱えた困難は、想像を絶するものだっただろう。陳述記憶は日常生活において常に必要な機能だ。われわれがどこかへ出かけるとする。何のために出かけたのか、自転車をどこに停めたか、そして、いま自分はどこをめざしているのか……それらはすべて陳述記憶の中にあるのだ。ヘンリーは年を重ねてからは、鏡を見ても、映っているのが自分自身だと信じることができなかった。年齢とともに、容貌が変わったからだ。彼の中では彼自身は永遠に、手術を受ける前の20歳代の若者だった。

これらのことは、海馬の機能についての決定的な知見を世に知らしめる結果にもなった。ヘンリーについての重要な記録をのこした一人が、大学院で神経心理学を学んでいたブレンダ・ミルナーである。スコヴィルが第1章にも登場したカナダ・マギル大学の脳神経外科医ワイルダー・ペンフィールドにヘンリーのことを話したところ、ペンフィールドのもとで学んでいたミルナーにヘンリーの研究をさせることになったのだ。

手術後のヘンリーは、50年以上も記憶のない人生を生きつづけた。彼自身の脳には、手術後の人生に関わる記憶は一切ない。しかし、彼の人生の記録は神経科学において、きわめて重要な知見となった。

ヘンリーは新しいことを記憶することはまったくできなかったが、情報を一時的に保持して一つの文章をつくることはできた。言葉をオウム返しにすることも何ら問題なくできた。クロスワードパズルなども解けたし、チェスで主治医を打ち負かすこともできた。これらは「作業記憶」が正常であることを意味する。作業記憶は、思考過程のなかで、ごく短時間、少ない容量の情報を蓄えておく機能であり、コンピューターでいえばＲＡＭに似たものである。現在ではこの機能は前頭前野に存在していることが知られている。このことは、記憶にいくつもの種類があり、「陳述記憶」と「作業記憶」は別々の脳機能であること、そして陳述記憶の成立には海馬が不可欠であることを明確に示していた（第3章も参照していただきたい）。

また、ヘンリーは手術前の数年間のことはおぼろげにしか覚えていなかったが、それ以前の、ハイスクールのころに住んでいた家の間取りや、住所、電話番号などは容易に思い出すことができた。世間における一般的な知識——たとえば有名な楽曲や、歴史上の人物や出来事、地理など（これらは意味記憶にあたる）——も思い出すことができた。

これらのことは、ヘンリーは新たな陳述記憶をつくることはできないが、手術より数年前までの陳述記憶（意味記憶を含む）を取り出すことは可能であったことを意味していた。つまり、古い陳述記憶は海馬から別の場所に移動しており、取り出すのにも海馬の機能は必要ではないこと、しかし、成立してから数年以内の記憶は、少なくとも一部は海馬に保持されていることを示していたのだ。記憶は保持期間が長くなると、海馬から別の場所（＝大脳皮質）に移動することも示唆していた。

鏡に映った星形をスケッチで再現していくテストなどによって、手続き的記憶（技能や動作にともなう学習）は破壊されていないことも明らかになった。これは、手続き的記憶と陳述記憶も独立したものであることを示していた。

このようなヘンリーの症例は、記憶にはいくつもの種類があり、それぞれが違う脳部位によって担われているということを明確に示していた。陳述記憶、作業記憶、そして手続き的記憶は別の機能であり、別の脳部位によって担われている——これは神経科学にとってはパラダイムシフトともいえる、きわめて重大な発見だった。

1970年代後半になると、CTスキャナーが使われるようになり、ヘンリーの脳もスキャンされた。さらに、1990年代にはMRI（核磁気共鳴画像）が使われるようになり、さらに詳細にヘンリーの脳が調べられた。それらにより、両側側頭葉内側面に手術による広範な欠損（両側海馬の前半分・嗅内皮質・扁桃体の欠損）があることが確認されたほか、手術前の長年の抗痙攣薬投与の副作用によると思われる、小脳などの萎縮も確認されている。

ヘンリーはときには感情を露わにすることもあったが、あらゆる検査に非常に協力的で、穏やかであったという。これには、至近の陳述記憶がないことも関与しているはずであるが、情動をつかさどる扁桃体が切除されていることとも関係していたはずだ。

2008年に82歳で亡くなるまでの間、ヘンリーは貴重な情報を神経科学者たちに与えつづけた。彼の脳は死後にもMRIによってスキャンされ、さらには切片（図5－2）にされたの

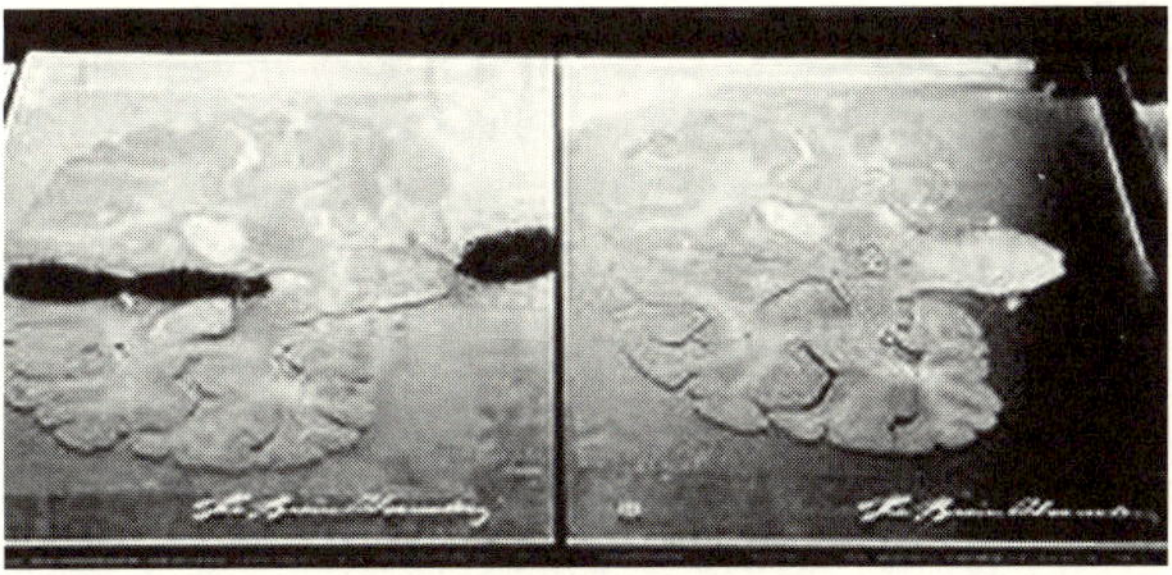
図5-2　ヘンリーの死後、切片にされた脳

ちに細胞レベルの分解能で画像化され、３次元モデルがつくられた。その結果、切除された部分は以前に考えられていたほど広範ではなかったことも明らかになった。これにより、海馬の特定の領域が記憶において果たす役割の再評価がなされつつある。

ヘンリーの症例は、とくに海馬の機能において、非常に重要な知見を提供した。その後、現代の神経科学は、海馬が機能を果たすメカニズムについて、おもに遺伝子改変マウスを用いて詳細に解明を進めてきた。ここからは、それによってわかってきた海馬の構造と機能について、少しくわしく見ていこう。

海馬の構造と機能

海馬（Hippocampus）という名前は、ルネサンス後期にイタリアの解剖学者チェザーレ・アランティオが、ギリシア神話の「海の神」ポセイドン（ネプチューン）が乗る戦車を引く架空の動物「海馬」から命名したものである。海馬は大脳辺縁系にある「海馬体（Hippocampal Formation）」と呼ばれる構造の一部であり、海馬体は、海馬のほかに歯状回（Dentate Gyrus）、海馬支脚（海馬台）、前海馬支脚、傍海馬支脚、嗅内皮質などを含む構造体である。陳述記憶の成立には海馬が必要といわれるが、実は陳述記憶には海馬体という構造が不可欠なのだ。では、陳述記憶は海馬体でどのようにつくられているのだろうか。

海馬体の重要な要素は海馬と歯状回である。両者は密接な関連をもっている。海馬には錐体細胞、歯状回には顆粒細胞と呼ばれる、グルタミン酸を神経伝達物質とする神経細胞（グルタミン酸作動性ニューロン）が存在する。

海馬は層構造になっていて、CA1、CA2、CA3の各部位からなる。基本的には、CA3の錐体細胞が歯状回からの入力を受け、CA1、CA2の錐体細胞に出力している。さらにCA1、CA2の錐体細胞は海馬台に出力を送る（図5-3）。つまり、グルタミン酸作動性ニューロンが、歯状回顆粒細胞→CA3錐体細胞→CA1／CA2錐体細胞という経路で直列につながっていることになる。これらのニューロンは「長期増強」と呼ばれる機構で、入力をたくさん受けるほど伝達効率がよくなるメカニズムをもっており、これが海馬を記憶装置とし

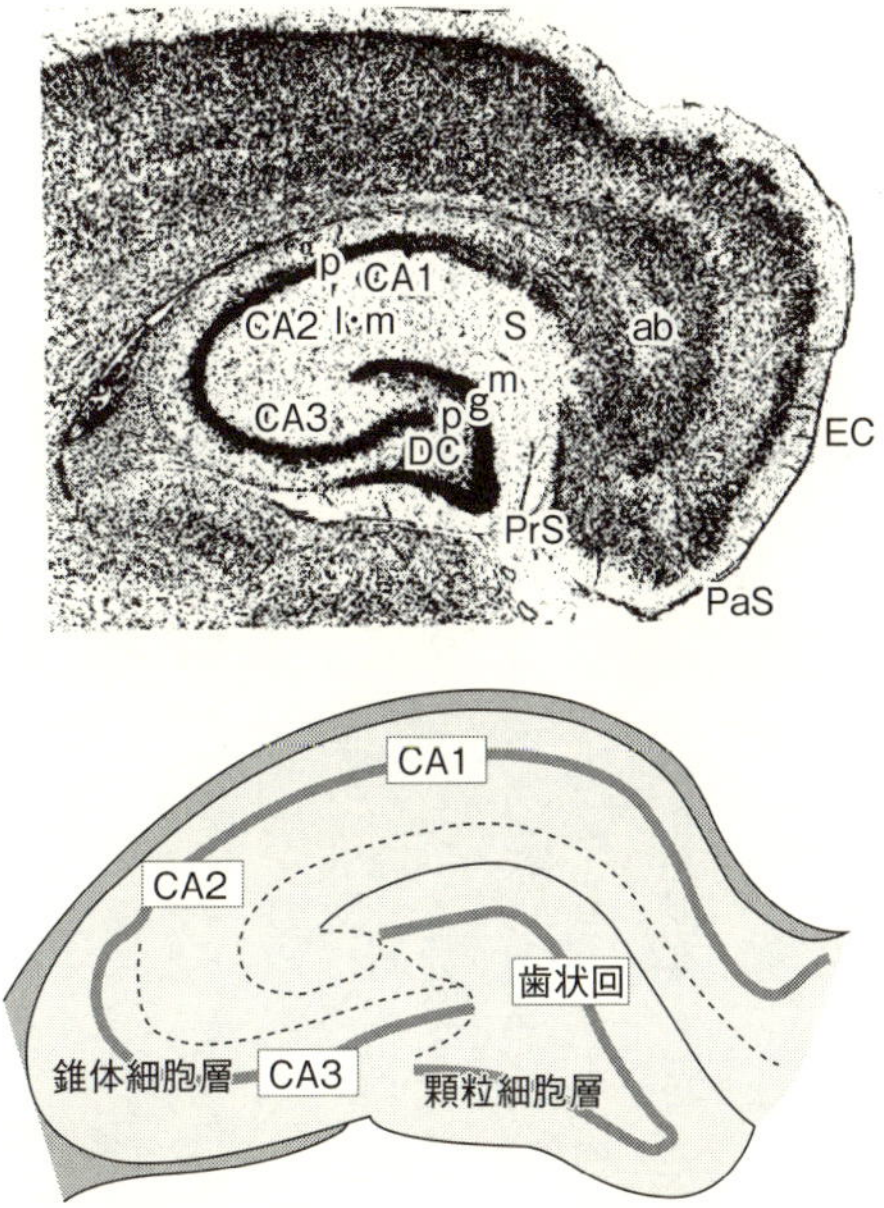

図5-3　海馬の構造

て成立させていると考えられている。

海馬体には大きく分けて三つの入力がある。（１）貫通線維、（２）脳弓、（３）腹側海馬(ふくそくかいば)交連(こうれん)である。

（１）貫通線維は、側頭葉の大脳皮質の一部分の嗅内皮質からの入力経路であり、おもに大脳皮質からの記憶するべき情報を伝えていると考えられている。大脳皮質連合野で分析された種々の情報は、嗅内皮質からこの貫通線維を通って海馬体に入る。

（2）脳弓は、内側中隔核（ないそくちゅうかくかく）、乳頭体上核、青斑核（せいはんかく）、縫線核（ほうせんかく）という領域からの入力経路である。これらの入力は、生体の状況に応じて海馬の機能を調節している。状況によって記憶の強さが異なるのは、この機能による。

（3）腹側海馬交連は、反対側の（左の海馬であれば右の）海馬および歯状回からの入力であり、左右の情報を統合する働きがあると考えられる。

海馬体の出力は、脳弓を通って大脳皮質や線条体、視床、視床下部、乳頭体と呼ばれる部分に送られる。記憶という機能の実態をめぐり、20世紀初頭にドイツの生物学者リチャード・セモンは「記憶痕跡」（エングラム）という概念を提唱した。

セモンが考えた記憶痕跡とは、学習時に興奮した特定のニューロンの集団が残した物理的な痕跡である。学習時に同時に活動をしたニューロンどうしは強いシナプス結合で結ばれる。その結果、ニューロン群の強いつながりが保存されていると考えたわけだ。このニューロン集団に属するニューロンの一部が活動すると、強いシナプス結合で結ばれたニューロン集団全体が活動し、その結果として、記憶が想起されると考えられた。このようにして結びついたニューロン集団のネットワークが記憶痕跡である。

海馬体は記憶が成立したフレッシュな時期に大脳皮質と協働的に働いて、それを維持する機能をもっている。やがて時間の経過とともに、大脳皮質の機能は海馬の助けがなくても記憶が取り出せるように変化していく。

つまり、海馬は新たな記憶をつくるために大脳皮質の働きを助ける装置であり、最終的な長期記憶は大脳皮質、とくに側頭葉の皮質に保持されると考えられている。

扁桃体の構造と機能

扁桃体は海馬体とならぶ大脳辺縁系の重要なコンポーネントである。また、記憶にも重要な役割をしている。ここで扁桃体の構造と機能を確認しておこう。

感覚系を通して知覚された情報が、生体にとって意味があることなのか、つまり危険や脅威をもたらすのか、あるいは逆に報酬をもたらすのかを評価するのが扁桃体の役目である。この機能は環境に適応し、生き残っていくために欠かせない。扁桃体は海馬のすぐ前方に存在し、中心核、内側核、皮質核、基底内側核、基底外側核から構成される。

海馬の機能についてでは、それを失ったヘンリー・モレゾン（H.M.）の話をしたが、扁桃体に関しては、ウルバッハ・ヴィーデ症候群（Urbach-Wiethe症候群）と呼ばれる稀な疾患によって両側の扁桃体が石灰化し、機能を失ってしまったS.M.という女性が、過去20年間にわたりさまざまな調査に協力している。

ソーク研究所のダマシオらは、S.M.を含む3名の扁桃体に障害をもつ人たちを被験者として、彼らが人の顔から「恐怖」の感情を示す表情を識別できないことを示した。通常、健常な人は、「怒り」の表情と「恐怖」の表情を容易に識別することができるが、扁桃体に障害がある人はその区別ができないのだ。

S.M.が42歳のときに、カリフォルニア工科大学のグループは彼女が「パーソナルスペース」の概念をもっていないことを報告している。パーソナルスペースとは、見知らぬ他人がいるときに不快と感じる物理的な「近さ」のことだ（図5-4）。ある程度以上に他人が近づくと、通常の人は不快と感じる。このとき、機能的MRIで調べると、両側の扁桃体が活動していることがわかっている。しかし、扁桃体が機能しないS.M.は、まったく見知らぬ他人がそばにいても不快と感じないのだ。

アイオワ大学のグループは、S.M.が44歳のとき、彼女にヘビやクモなどの動物を見せたりしたが、彼女は事前に「クモやヘビは嫌いでいつも避けるようにしている」と語っていたにもかかわらず、まったく恐怖を感じている様子を見せず、躊躇なく触ったと報告している。なぜ触るのかとの質問には、「好奇心に勝てなかった」と答えたという。

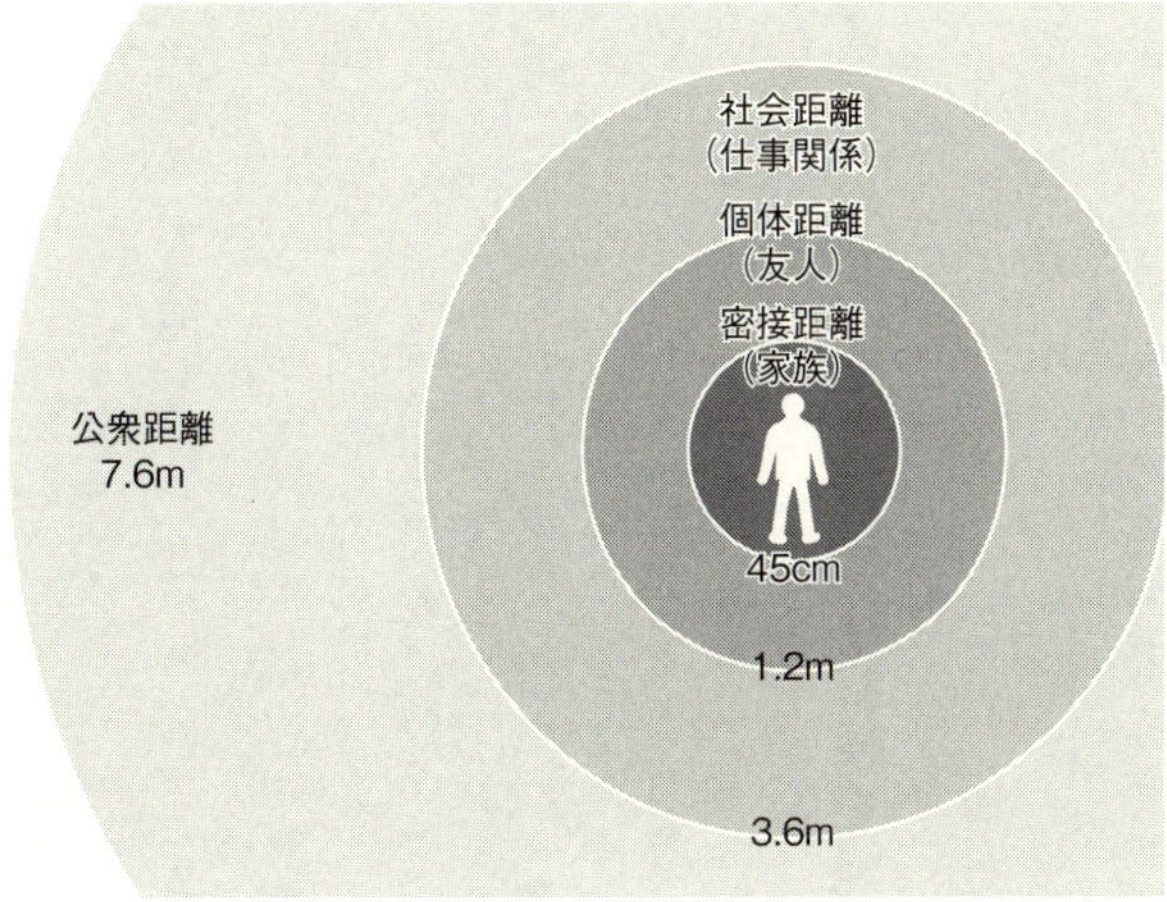

図5-4　パーソナルスペース

さらに彼女は、あらゆる種類の「恐怖」を感じる様子をまったく見せなかったという。第3章でお話ししたように、サルや齧歯類を使った動物実験で扁桃体と恐怖の関係は示されていたが、S.M.の実験によって、ヒトでも同様に扁桃体は「恐怖」という情動と密接な関係があることが明らかになった。

また、「死への恐怖」といった概念的な恐怖や「公衆の前で話すことへの恐怖」などの社会的な恐怖も同様に、扁桃体で制御されていることも示された。S.M.はこれらに対しても恐怖を感じている様子がまったくなかったからだ。恐怖にはさまざまなタイプのものが存在すると思われがちだが、実は、根本的には同一の機構によるものだったのだ。

恐怖はしばしば「ネガティブ」な感情としてとらえられる。では、恐怖を感じないことはよいことなのだろうか？

扁桃体が機能しなければ、命が危険にさらされるような強烈な体験をしても、恐怖を感じることはなく、また情動記憶も成立しないためＰＴＳＤ（心的外傷後ストレス障害）のような後遺症に悩むこともないだろう。

しかし、扁桃体が機能しなければ、危険を避けることもできなくなり、生き残っていく能力は著しく損なわれてしまうだろう。好奇心に勝てず恐怖に近づいていたら、生命を脅かす危険にたえず身をさらすことになってしまう。「恐怖を感じない」というと、何にも怖気づかない勇猛果敢な戦士のようなイメージを抱くかもしれない。しかし、危険を感じないということは、危険に対処できないということであり、生存能力に問題が生じてしまうのだ。

大脳辺縁系は記憶を強化する

コンピューターと異なり、生体の脳に蓄えられる記憶は、均一ではなく、重みづけや変容が常に行われている。たとえ完全に同じ光景を見聞きしたとしても、そのときの感情が違えば、記憶の残り方はまったく異なる。記憶の正確性も、その記憶に対する感じ方も変わってしまうだろう。

何度も述べたように、情動をつかさどる大脳辺縁系は記憶をつかさどるシステムでもあり、その両者は密接な関係にある。情動をおもに扱う扁桃体は、記憶のシステムでもあるし、陳述記憶にきわめて重要な役割を果たす海馬体も、情動にも関わっている。たとえば、情動に問題をかかえる精神疾患の一つのうつ病では、海馬に萎縮が見られることが知られている。また、扁桃体が情動を発動させるとき、脳幹においてノルアドレナリンやセロトニンといった「モノアミン類」（くわしくは第7章で）と呼ばれる神経伝達物質を産生するニューロン群の活動が上がる。これらは海馬に投射しており、海馬はモノアミン類の影響をうけて記憶を強化する。

さらには、全身の機能も記憶の変容に関与する。情動が発動している状況ではストレス応答と呼ばれる内分泌応答が起こり、副腎皮質から糖質コルチコイドというホルモンを分泌させることはこれまでにも述べた。

このとき、副腎皮質から分泌される糖質コルチコイド（ヒトではおもにコルチゾール）は全身に働くとともに、脳にも影響を与える。とくに大脳辺縁系は大きな影響を受けることが知られている。扁桃体はコルチゾールにより、その機能を高め、逆に海馬は抑制される。これは、ストレスのもとになった危機的状況を経験すると、情動記憶により強く留められることを意味する。一方で、その状況に関する陳述記憶は弱められる方向に働くのだ。

非常に強いストレスを受けた人の記憶がしばしば曖昧なことがあるのは、このメカニズムが関与しているからだと考えられている。その危機的な状況に関する陳述記憶は曖昧なのに、そのときの光景や匂い、音などと恐怖などの情動は、通常よりも強く結びつけられているのである。

また、恐怖やストレスは交感神経系を興奮させる。これも扁桃体からの出力が視床下部外側野や脳幹に働きかけて非常事態に適応する現象である。交感神経系の興奮は、発汗や、心拍数の上昇、血圧の上昇、瞳孔の散大など全身に影響を与えるほかに、副腎髄質からアドレナリンを分泌させる。これは心血管系の機能を高める物質だが、同時に、迷走神経末端や交感神経末端にも働き、自律神経の求心路（信号を末梢から脳に伝える経路）を通って、脳幹の孤束核（こそくかく）と呼ばれる核などに信号を送る。孤束核にはノルアドレナリンを産生するニューロンがあり、扁桃体に信号を送る。この信号は扁桃体を、恐怖や喜びなどにより強く応答する状態にさせる。

つまり、体の状態がポジティブフィードバック（増幅する方向へのフィードバック）され、情動システムである扁桃体に影響を与えているのだ（図5－5）。

このように、記憶にも情動にも、全身の状態が大きく影響する。脳（前頭前野）が全身の状

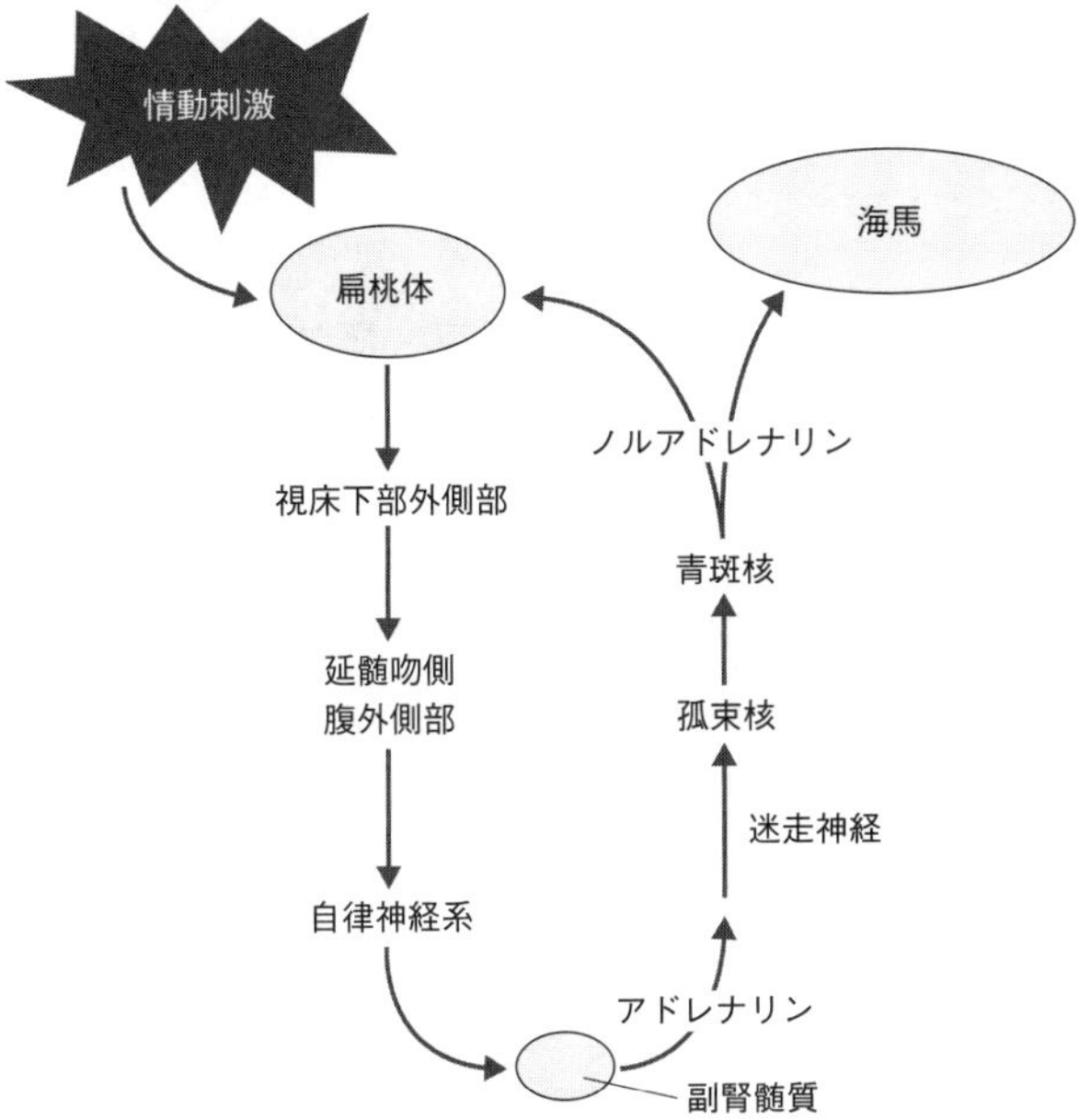

図5-5　身体反応が情動と記憶を強化する

態（鼓動の高鳴り、手掌の発汗、全身の震え、流涙など）を認知することによっても、記憶や情動は変容し、あるいは強化される。

その意味で、全身機能も脳と一体化したシステムの一部であり、全体として情動を制御しているといえる。

第５章のまとめ

1　海馬は新たな陳述記憶の生成に不可欠である。

2　陳述記憶は時間がたつにつれて大脳皮質、とくに側頭葉皮質に移行する。

3　扁桃体は情動記憶を受けもつ。

4　ストレスホルモンは陳述記憶を弱め、情動記憶を強くする。

第6章
おそるべき報酬系

幸福は、幸福の中にあるのではなく、
幸福を手に入れた瞬間にこそある
――――フョードル・ミハイロヴィチ・ドストエフスキー

恐怖や不安に縛られているだけでは、行動の第一歩は踏み出せない。期待や希望があるからこそ、私たちは生きていける。ここまで、どちらかといえば恐怖や不安といったネガティブな情動が大脳辺縁系によってどう制御されているかを見てきたが、期待や希望、喜びなどのポジティブな情動は、脳内でどのように処理され、表現されているのだろうか。

動物は、「報酬」を求める。動物が食物や異性を報酬と感じるのは、個体や種を保存するために備わった本能的な機能であるといってもいい。しかし、それ以外にも報酬は存在する。人には、寝食を忘れて何かに打ち込むとき、あるいは、どうしても飲酒やたばこ、もしくはギャンブルやスマホゲームをやめられないときがある。そんなとき、私たちはそれらがもたらす「快感」を求めるために、とてつもない労力と時間を消費している。ときには苦痛や恐怖もかえりみず、快感を求めるのである。この快感こそは、「報酬」の最たるものにほかならない。

快感という報酬は、動物の行動を強力にドライブ（促進）する。そのまま野放しにしていたら、社会は成り立たなくなるほどだ。だから、人はさまざまな法律や宗教をつくりだし、快感を求める行動を制限している。動物の行動は、恐怖や不安によってブレーキがかけられる一方で、報酬によって加速されるのだ。欲望のおもむくままに犯した悪事であれ、宗教的な思想からなされた慈善行為であれ、日常の食事や性行動であれ、動物が行う内発的な行動のほとんど、あるいはすべては脳内の「報酬」にかかわる特定の神経回路に支配されていると言ってもよい。

では、動物やヒトはなぜ「何かをしたくなる」のだろうか？　この章では、このことにかかわる「報酬系」と呼ばれるおそるべきシステムを見ていこう。

脳内報酬系の発見

1953年にカナダのマギル大学の研究員ジェームズ・オールズと、大学院生ピーター・ミルナーは、ラットを使って、脳幹の中脳網様体という場所に電極を埋め込んで刺激するという実験を試みていた。この部位は脳を覚醒させる機能を果たしており、彼らの実験も、覚醒を引き起こすことが目的だった。

しかし、このとき彼らは、電極を埋め込む手術を失敗していた。中脳網様体ではなく、もっと脳の前方に存在する「中隔」と呼ばれるところに刺入してしまったのだ。ところが、それが幸いして大発見をすることになった。

彼らはラットを箱に入れて、特定の場所に来たときにだけ電気刺激を与えるという実験を始めた。すると、ラットは電気刺激を与えられる場所を好むようになり、その場所に長く滞在するようになった。電気刺激を与える場所を変えてみると、今度はその場所を好むようになった。

これを見て、彼らは当初、ラットの好奇心に関わる神経回路を発見したと思った。つまり、その回路を刺激することで好奇心が亢進された結果、その場所を探索していると考えたのだ。

しかし、別の可能性もあった。中隔に刺激が発生するとその場所を好むようになるということは、ラットが単純に中隔への電気刺激を求めているだけかもしれない。その場所に行くと刺激を得られるからこそ、その場所に行くのだ、とも考えられるのではないか。

そこで、彼らは次に、スキナー箱を使った実験を行った（図6－1）。スキナー箱とは、箱の中にレバーが設置してあり、ラットがそのレバーを押し下げると、スイッチが入るように細工されたものだ。彼らはそのスイッチによって、ラットの脳の中隔に埋め込んだ電極に電流が流れるようにした。もしラットが「レバーを押す」という行為を続けるようになれば、ラットは中隔への電気刺激を求めていると考えられるわけだ。

実験の結果、ラットは餌を食べることや寝ることすら放棄して、体力の限界を超えてまでも、レバーを押しつづけるようになった。このラットは健康なオスだったが、発情期のメスを

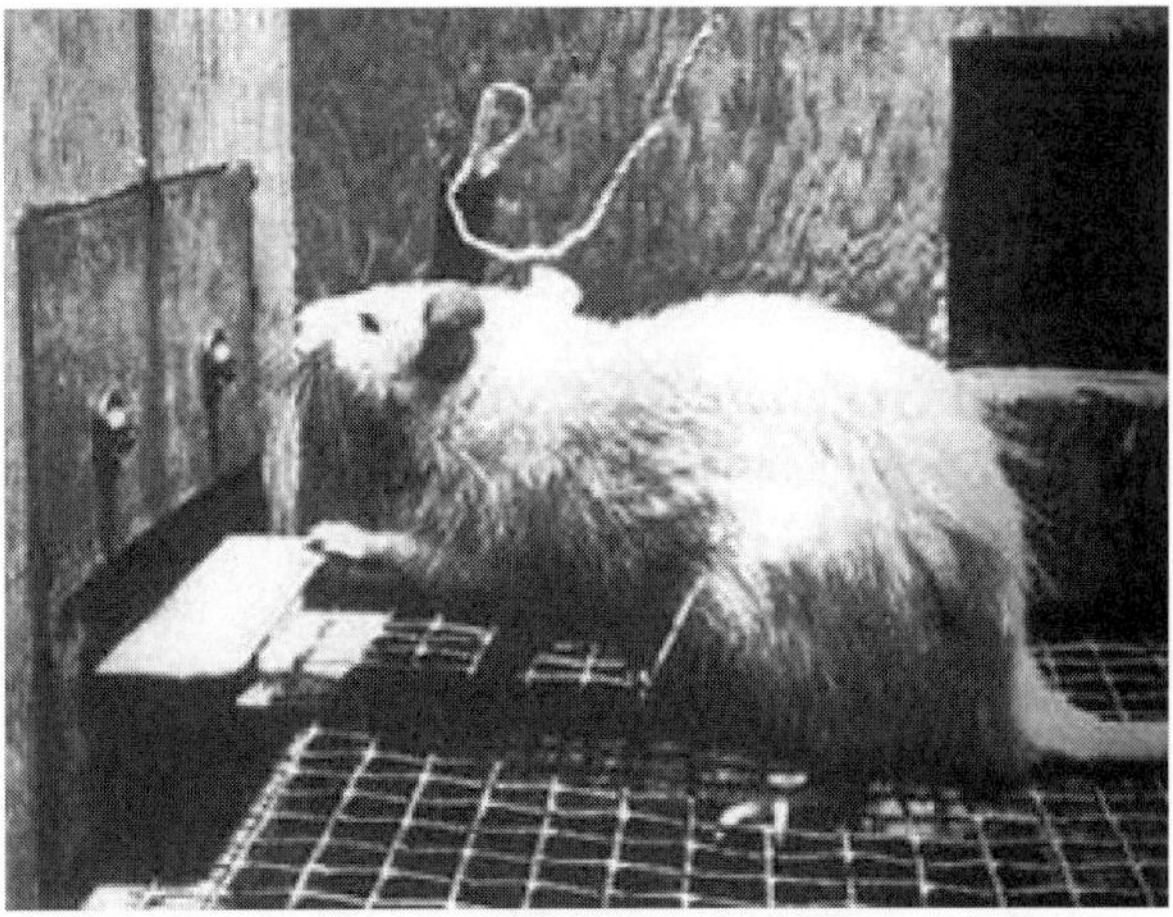

図6-1　オールズとミルナーのスキナー箱を使った実験
ラットがレバーを押すと脳の中隔に埋め込んだ電極にスイッチが入る

箱に入れても、絶食によって空腹にしてから目の前に餌を与えても、それらを無視してレバーを押すことだけを熱心に続けた。レバーを押す頻度はときに、1時間あたり7000回にも及んだ。中隔への電気刺激はこのラットに、「レバー押し」という行動に向けた、とてつもなく大きなドライブを生んだのだ。

さらにラットは、レバーにたどり着く途中に電気ショックによる痛みを受ける場所を設け、そこを通らなくてはレバーを押せないようにしても、それを乗り越えて何度でもレバーを押すのだった。このラットにとって電気刺激につながるレバー押しは、ほかのどんな行動よりも優先して行うべきものになってしまった。そのままにしておけば不眠と絶食によって死んでしまうので、彼らはラットを装置から外した。

中隔とは、大脳皮質の前頭前野から、下位の脳部位に信号を送っている軸索が通る場所である。オールズとミルナーは、中隔を通るどのような神経回路がこの効果を生みだしているのかを探るため、ラットの脳内のさまざまな部位に電極を埋め込み、同様の実験を試みた。

その結果、もっとも上位にあると考えられる知性や理性・自我にかかわる前頭前野への刺激では、何も変化はなかった。しかし、より脳の深部を刺激すると、中隔への刺激と同様の効果を誘発する部位が複数あることがわかった。それは中隔と同様に脳の正中線とその周囲に分布する、内側前脳束(ないそくぜんのうそく)、視床下部、側坐核(そくざかく)、腹側被蓋野(ふくそくひがいや)(VTA)などだった。刺激は中隔から内側前脳束を通り、腹側被蓋野に到達して、その部位のニューロンを興奮させると考えられた。

このオールズとミルナーの実験が、脳には「報酬系」と呼ばれる領域があることが見いだされるきっかけとなったのである。

ヒトの報酬系が刺激された例

このように刺激を繰り返し求めずにはいられなくなるのは、ラットがきわめて大きな快感をおぼえているからなのだろうか？

快感という感情自体は主観的なものであり、そのラットになってみなければわからない。しかし言うまでもなく、ラットからは話を聞くこともできない。

ところが、驚くべきことにこれと同様の実験が、ヒトを被験者として行われたことがあり、しかも論文として１９７２年に発表されているのだ。

チューレン大学精神科のロバート・ヒースらは、精神疾患の治療のために、ヒトの脳のさまざまな部位に電極を埋め込んで、刺激を加えることを試みていた。その一環として、同性愛者の中隔を刺激して、異性愛に転換しようとした。驚くべきことに当時は、同性愛は精神疾患であるとされていたので、それを「治療」しようという、現在の目からみると人道的にありえない着想だった。しかも、これは治療というよりも実験的な側面が強く、その意味でも決して許される行為ではない。中隔を刺激することで、被験者に「快感」をおぼえさせながら異性的なイメージを見せれば、異性を好きになるだろう——というのである。

このときの〝患者〟は、24歳の男性であった。そこで起こったことは、オールズとミルナーの実験で見られたラットの反応とまったく同じだった。彼はほかのすべての行為を犠牲にして、中隔への自己刺激をもたらすボタンを押しつづけた。そのままでは命にもかかわると思われたので刺激装置を外さなければならなくなったが、本人は激しく抵抗したという。

実はほかにも、中隔を電気刺激された人の例はある。ただしそれは、もともとはほかの治療目的で設置された電極である。脳深部に刺激を加えて特定の神経経路を遮断する脳深部刺激（DBS）という方法を使って、痛みの治療をしたり、パーキンソン病などの治療をしたりすることは一般に行われているが、以前は電極の位置の精度が現在ほど精密に決められなかったため、想定外の部分を刺激してしまう例がみられた。

1986年にはアルベルト・アインシュタイン医学校のグループによって、慢性疼痛の軽減のためにDBSを試みられた48歳の女性の症例が報告されている。この例では、電極は痛みの伝達経路である視床の中継核に埋め込まれたが、その刺激が中隔近くにおよぶことになってしまい、患者は圧倒的な快楽を得ることになった。彼女は指が炎症を起こして腫れるほど一日中スイッチを押しつづけ、なんとか刺激を強くしようと刺激装置をいじりつづけたという。ときに、装置を自分から遠ざけてほしいと懇願し、実際に遠ざけると、今度は返してくれと泣き叫んだという。

中隔への刺激によってもたらされる「報酬系」が発動させる行動への誘惑は、このようにヒトをもラットと同様の反応に陥らせるほど、きわめて抵抗しがたい力をもっているのだ。

報酬系の正体

ヒトや動物の脳に組み込まれている、このおそるべき「報酬系」とは、いったい何者なのだろうか？

結論から言ってしまうと、現在では、報酬系で働くもっとも重要な神経伝達物質はドーパミンであるとされている。覚醒剤をはじめとする多くの依存性物質は、このドーパミンの機能を高めるものだ。だからやめられなくなるのである。

ドーパミンは腹側被蓋野（ＶＴＡ）という部分に存在するドーパミン作動性ニューロンによってつくられる。これらのニューロンは、前頭前野、前帯状回や、扁桃体、海馬、そして側坐核といった部分に軸索と呼ばれる突起を伸ばしている（図６‐２）。

ドーパミンが前頭前野や前帯状皮質に放出されると「気持ちよい」という情動認知、つまり、快感が生まれると考えられている。そしてドーパミンが側坐核という部分に放出されると、その放出に至った原因となった（と脳が認知した）行動が強化される。報酬系では、これがキーイベントとなる。ひとたびドーパミンが側坐核に放出されると、原因と考えられる行動がもたらす快感に抗しきれなくなり、動物もヒトもそれをやめることができなくなる。つまり

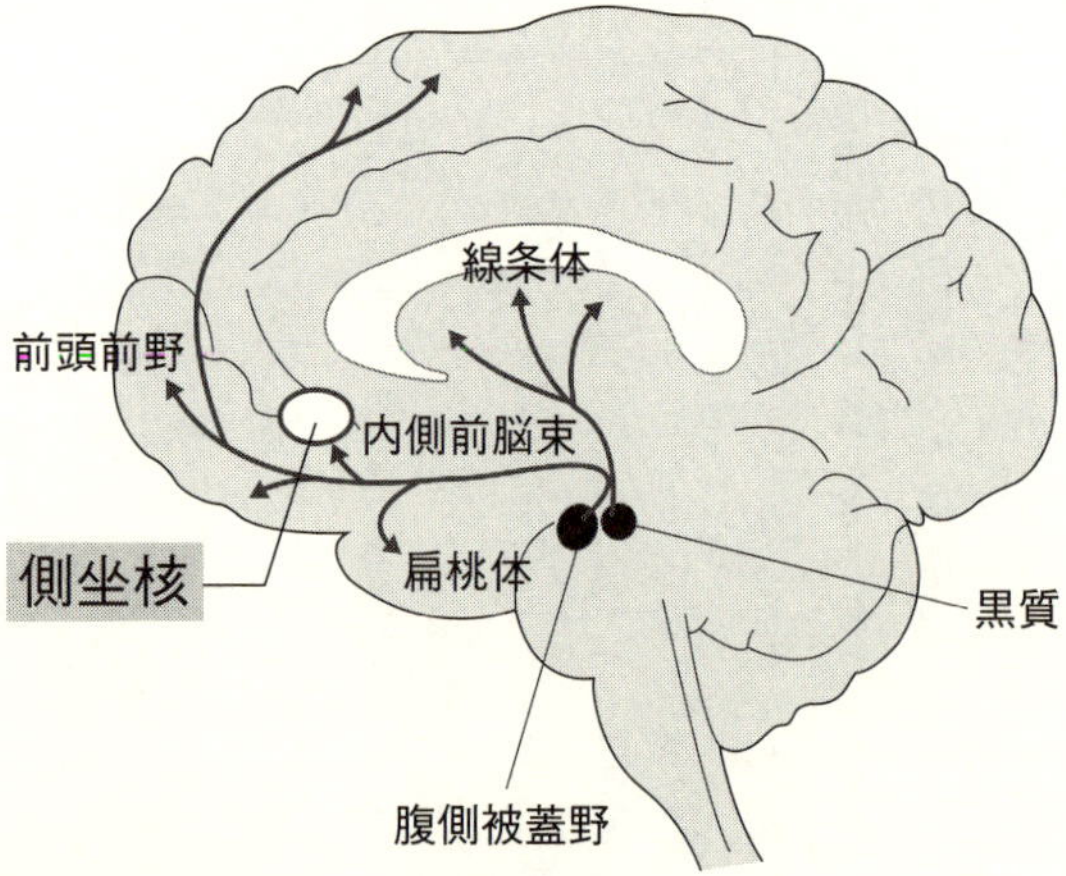

図6-2　報酬系を構成する神経回路
ラットの脳を正中線に沿って縦に切ったときの断面。グレーの線で描いたのがドーパミン作動性ニューロンとその軸索

その行動が病みつきになってしまうのだ。また、覚醒レベルも上がる。

腹側被蓋野のドーパミン作動性ニューロンは、脳内のさまざまな領域から軸索による入力を受けている。とくに重要なのは、先に述べた前頭前野から腹側被蓋野にいたる経路だ（図6－2参照）。この経路は内側前脳束と呼ばれる。前頭前野はさまざまなことを「認知」する部位である。ここで「報酬を得た」という認知があった場合、内側前脳束を情報が伝わり、腹側被蓋野のドーパミン作動性ニューロンが興奮すると考えられている。

オールズとミルナーの実験では、この経路にある中隔を電気的に刺激してしまったため、結果として腹側被蓋野のドーパミン作動性ニューロンが興奮することになったと考えられる。

脳はどのような刺激を「報酬」と感じるのか

脳は本来、どのような刺激を「報酬」と感じるのだろうか。生得的な、つまり生まれたままの状態で報酬と感じるものには、食物や、異性との交配がある。自分を生存させるため、あるいは自らの遺伝子を残していくためには、これらを報酬と感じなくてはならない。つまり、基本的欲求と呼ばれるものである。言い方を変えれば、こうしたものを報酬ととらえる機能を備えた生物が、進化的に生き残ってきた。

しかし、私たちはそうした基本的なもの以外にも、幅広いものを報酬と感じるように学習するシステムをもっている。生活環境にあわせて、動物やヒトは、あらゆるものを報酬としていくことができる。つまり、報酬系とはきわめて学習能力の高い、書き換え可能なシステムなのだ。このシステムを使えば、痛みさえも報酬ととらえるようにすることが可能になる。

繰り返すが、腹側被蓋野のドーパミン作動性ニューロンから前頭前野に分泌されたドーパミンは、「主観的な快感」を増強する。一方、側坐核にドーパミンが分泌されると、「その結果のもとになったと脳が判断した行動」が強化される。つまり、ある行動Aを行った結果、ドーパミン作動性ニューロンが興奮し、側坐核にドーパミンが分泌されると、Aという行動をすることを嗜好するようになる。その結果、またドーパミンが分泌されれば、Aという行動がやめられなくなっていく。

ということは、動物や私たちは前頭前野で「主観的な快感」を得たから何かに病みつきになるのではなく、側坐核が快感のもととなったと判断した「行動」が強化されて、その行動に病みつきになるのだ。このように、主体的な快感と行動の強化とは別々の経路で起きている。こうした比較的シンプルなシステムで、生物の行動パターンは変容するようにできている。

報酬を「大きい」と感じるしくみ

動物や私たちの脳には、報酬をとくに大きなものと感じるパターンがある。そこには、関連しあう二つの原則がある。

一つは「不確実性」だ。動物やヒトは、確実に得られると決まっている報酬に対しては、それが実際には大きなものであっても、報酬をあまり大きなものとは感じない。

たとえば、給料日に比較的まとまったお金が入っても、給料日ごとに歓喜し、興奮する人はいないだろう。給料はその金額も、入ってくるタイミング（給料日）もわかっているからだ。しかし、期待していなかった臨時収入には、たとえそれが少額であっても、大きな喜びを感じるものだ。スポーツやゲームなどでも、絶対に勝てる相手に勝ってもさしてうれしくないが、強敵を倒したときの喜びは大きな報酬になる。これはギャンブル依存症とも大きく関連しているのだが、負ける可能性が高くてもたまに勝てるから、多くの人はギャンブルをやめられなくなるのである。

実際にはさほど大きな報酬ではなくても、意図していなかったときに得られた報酬は、腹側被蓋野のドーパミン作動性ニューロンを興奮させる。ＳＮＳで、予測していなかった数の「いいね」をもらっただけでも、ＳＮＳに〝はまる〟きっかけとしては十分なのだ。

不確実性が報酬に影響を与えるのは、「意外な」ときに得られた報酬を大きく評価したほうが、新たな餌場など、報酬を得られる機会を増やすことにつながるからだ。そのため、こうした機能をもったものが進化的に有利であったと考えられる。つまり、新しい餌場や異性との出会いをより多く開拓できるわけだ。

多くの動物は、新規環境を探索する性質をもっている。そのなかで「意外な」ときに報酬に出会えば、それにつながった行動は強化される。そのようにして報酬を獲得する確率を増やす行動パターンができあがることは、生き残るうえで有利な形質になることであると考えられる。そしてこれは人間社会でも、ヒトがさらなる向上を志す源泉になっている。

もう一つの原則として、これも不確実性と関係することではあるが、脳が感じる報酬の大きさは、予想値（＝期待値）と実際に得られた報酬との差によって測られるとされている。

たとえば、30という報酬を予測していたとき、実際に得られた報酬が60であったら、その誤差30の報酬は、誤差10の報酬よりもドーパミン作動性ニューロンを強く興奮させる。このときに高揚感が生まれる。これらは、ドーパミンが前頭前野に作用する結果だ。もちろんドーパミンは側坐核にも放出されて、大きな誤差を生む原因となった行動を強化する。また、側坐核は覚醒にも関わっており、ドーパミンが作用することにより覚醒レベルを亢進させる。さらにドーパミン作動性ニューロンは扁桃体にも投射しているため、行動へのブレーキとなる恐怖や不安を和らげる。

ここでいう誤差は、「報酬予測誤差」と呼ばれる。脳（前頭前野）は報酬予測誤差を感知して、報酬を感じているということになる。ある行動をして得られる報酬が、しだいに予測可能なものになっていけば、それがどんな報酬であっても、やがて報酬予測誤差はゼロに帰着する。これが「飽きる」ということだ。報酬予測誤差をベースとした「報酬」の価値判断は、常に新たな興味や対象を見つけるために必要なものなのだ。野生でも同じ行動を繰り返している だけでは生存上のアドバンテージは確保できない。言い換えれば、それは生物にトライ・アンド・エラーを繰り返させるためのシステムであると見ることもできる。

報酬予測誤差は、実際に得られた報酬がマイナス（損失）であるときにも発生する。たとえば、投資やゲームなどで負けを覚悟していたにもかかわらず、それほど大きな損をしなかったときなどだ。マイナス60の損失を予測していたのに実際の損はマイナス30だった場合、報酬予測誤差は30となり、前頭前野はそれだけの大きさの「報酬」と感じることになる。このことも、損をしてもギャンブルにはまる人がいることや、投資で破産する人があとを絶たないことに、根拠を与えるものの一つである。

逆に報酬予測誤差がマイナスだと、ドーパミン作動性ニューロンは抑制されてしまう。つまり、期待していた報酬が思っていたものより少なかったり、マイナスだったりした場合だ。これは主観的には「がっかりする」という感情に関与していると考えられる。

また、ドーパミン作動性ニューロンは報酬につながる手がかりが提示されたときと、報酬をゲットしたときに興奮するが、報酬を得られる前にその報酬を期待しているときには、じわじわとドーパミンが分泌されていることもわかっている。これが「ワクワクする」ということだ。たとえば自分が馬券を買った馬が走っているとき、ロールプレイングゲームでアイテム探しをしているときなどにドーパミンが少しずつ分泌されている。言ってみれば、鼻の先にぶら下げられたニンジンを追っているときに報酬系は活動しているのだ。報酬をゲットしたあとには、むしろドーパミン作動性ニューロンは活動を下げてしまうことも知られている。

ひとつ、ドーパミン作動性ニューロンの特性をよく示した実験を紹介したい（図6－3）。サルの目の前に緑、赤、青のランプを用意する。報酬としてはサルの好きな甘いジュースを口にくわえさせたチューブから与える。

まず、ランプをどれも点灯せずにジュースのみ与えると、ドーパミン作動性ニューロンは一過性に強く興奮する（報酬ゲットによる興奮）。

次に、緑のランプを数秒間点灯させ、消灯直後にジュースを与えると、同様にジュースが与えられたときにドーパミン作動性ニューロンは興奮する。これは初めての経験なので、緑のランプとジュースとの関連をまだ学習していないから当然だ。しかし、緑→ジュースという試行を何回か行うと、緑のランプが点灯したときにドーパミン作動性ニューロンが発火するようになる。逆にジュースを与えたときには反応しなくなってしまう。緑のランプがジュースと同じ報酬価値を持ったことになるのだ。

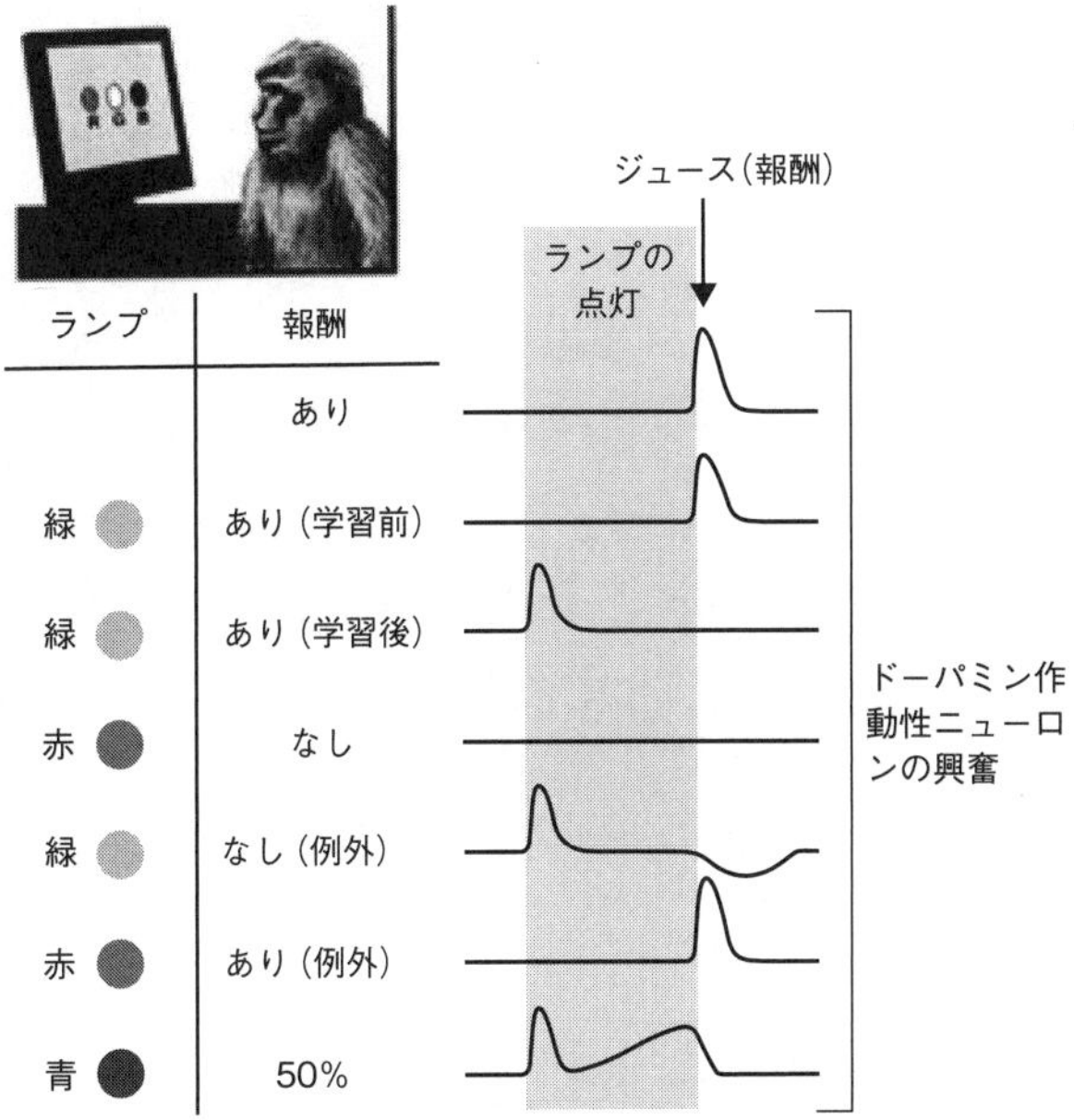

図6-3　ドーパミン作動性ニューロンの特性を示す実験

さらに、赤いランプを数秒点灯させ、このときはジュースを与えないようにする。これを数回行っても、赤いランプはドーパミン作動性ニューロンに影響を与えることはない。

こうしたルールのもとで学習をさせたあとに、本来は報酬を期待できない赤いランプを点灯させてからジュースを与えると、ドーパミン作動性ニューロンは強く興奮する。つまり、大きな報酬予測誤差がドーパミン作動性ニューロンを発火させるのだ。

ここで、青いランプを点灯させたときにはある確率、たとえば50％でランダムにジュースを与えてみる。すると、その学習後には興味深いことが起こる。青いランプが点灯している時間は、ランプが消えるまで、ドーパミン作動性ニューロンはどんどん発火頻度を上げていくのだ。つまり、「得られるかもしれない報酬」を期待しているとき、報酬系は強く活動する。このように脳は、不確実性、報酬予測誤差という原則をもって、「得られるかもしれない報酬」を大きく評価して活動する性質をもっている。

側坐核はどのようにしてできたのか

このように報酬系は、続けてきた努力が報われたときなど、よい方向に作動すれば、人生をとてつもなく豊かなものにしうる力を持っている。しかし一方で、現代社会においては、一歩間違えると破滅に向かわせる、諸刃の剣のようなものといってもよい。

この章でしばしば登場した、報酬系の核となる部位の一つである側坐核は、線条体(せんじょうたい)という部位の一部である。線条体は運動制御に関わる大脳辺縁系の一部であり、運動の開始や停止、プログラムされた運動の発現にきわめて大切な働きをしている。

線条体もドーパミンによって制御されるが、そのドーパミンは腹側被蓋野のすぐ隣に存在す

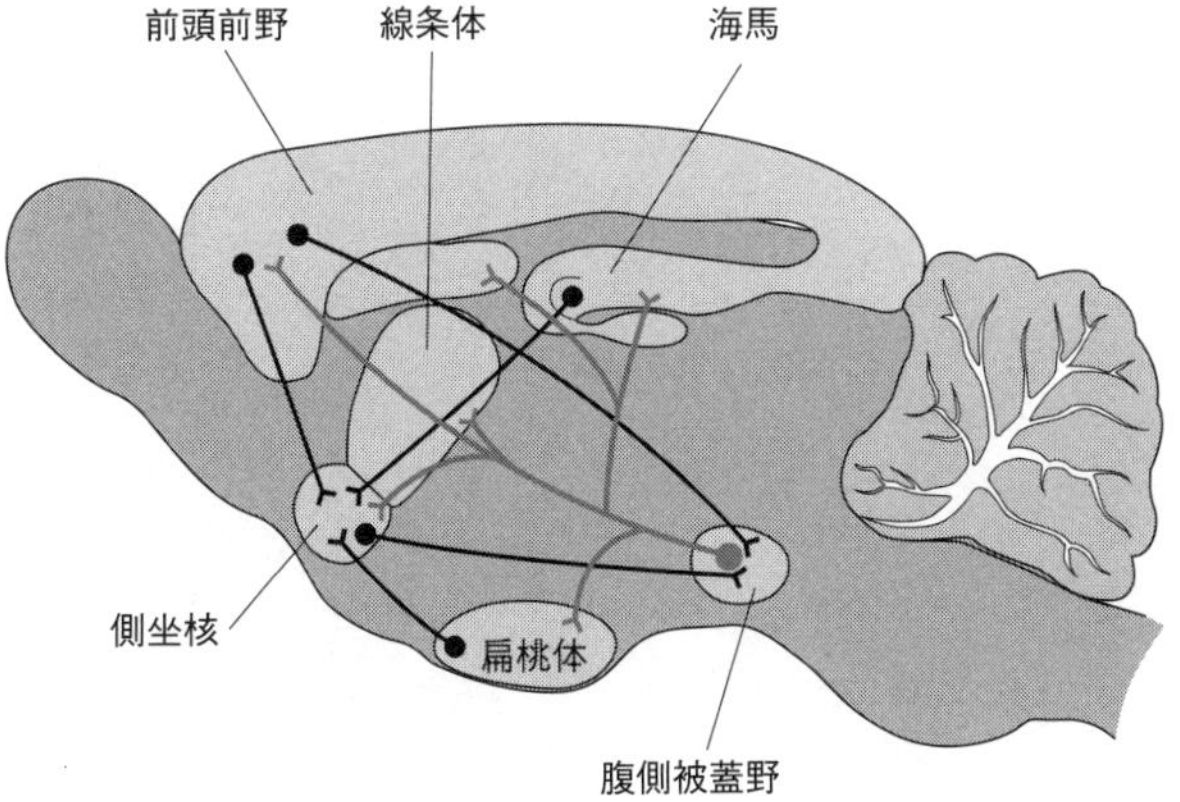

図6-4　側坐核の位置

る黒質という場所のニューロンが供給している。黒質は運動制御にきわめて重要であり、この部分が壊れると有名なパーキンソン病という病気になってしまう。パーキンソン病は運動の開始がうまくできなかったり、動きが非常に少なくなってしまったりする一方で、静止時振戦といって、じっとしているときに指先などが不随意に震えてしまうなど、運動にかかわるさまざまな症状をきたす。

ヒトの脳では線条体は、大脳皮質からの出力を含む神経線維の束（これを内包という）によって、尾状核（びじょうかく）と被殻（ひかく）という二つの構造に分割されている。側坐核は尾状核と被殻が前方で融合している部分にあたり、腹側線条体とも呼ばれる（図6－4）。側坐核はもともとは運動制御にかかわる線条体の一部であったが、報酬にもとづいて行動を制御するように分化した構造なのだ。

運動は行動を起こすためのものであり、行動は報酬によってドライブされる。われわれの脳内では、このように構造が分化して、少しずつ違う役割を分担するようになり、全体として一つの大きなシステムとなってきたわけである。

第６章のまとめ

1　ドーパミンが側坐核に放出されると、その原因になった行動をやめられなくなる。

2　ドーパミンは腹側被蓋野に存在するドーパミン作動性ニューロンから供給される。

3　前頭前野は不確実な報酬を大きな報酬ととらえ、ドーパミンの放出を促す。

4　予測した報酬の大きさと、実際に得られた報酬の差（報酬予測誤差）が、前頭前野が感じる報酬の大きさとなる。

第7章
「こころ」を動かす物質とホルモン

むしろ負けるかもしれないくらいの勝負のほうが、
勝ったときの嬉しさは大きいのかなと思います。
だから、緊張しないと
おもしろくないかなって思うんです。

———— 大谷翔平

私たちの脳は800億～1000億個といわれるおびただしい数のニューロン（神経細胞）と、それをサポートするグリア細胞によってつくりあげられている。

情報処理に特化した細胞であるニューロンは、軸索という突起を伸ばし、他のニューロンに情報を届ける。ニューロンとニューロンの接続部位には「シナプス」という構造がみられる。シナプスでは「神経伝達物質」（＝ニューロトランスミッター）と総称されるさまざまな物質が、情報をやりとりしている。情報を送る側のニューロンが軸索末端からそれらを分泌し、受け手側のニューロンが樹状突起と呼ばれる突起につくられたシナプスに局在する受容体で感知すると、受け手側のニューロンは興奮あるいは抑制される。

脳はニューロンからニューロンへと伝わる電気的信号と、こうした神経伝達物質を介したニューロン間の情報のやりとりによって機能している。したがって、「こころ」の働きも神経伝達物質の機能にきわめて強い影響を受けている。この章では、こうした脳内物質の立場から「こころ」について見ていこう。

神経伝達物質の「性能」の違い

神経伝達物質には、グルタミン酸やGABA（γアミノ酪酸）などのアミノ酸類や、アドレナリンやセロトニン、ドーパミンなどのモノアミン類がある。モノアミン類とは、ノルアドレナリン、アドレナリン、ドーパミン、セロトニン、ヒスタミンの総称である。アミノ酸はアミノ基とカルボキシル基をもっているが、モノアミンはそこからカルボキシル基が外れた形を基本的な骨格とする。アミノ基が一つだけだから「モノアミン」なのだ。

神経伝達物質による情報伝達は、基本的にはどの物質もシナプスで行われているが（図7-1）、物質の種類によって、情報を伝えるスピードや範囲が異なっている。

グルタミン酸やGABAのようなアミノ酸類の神経伝達物質は、速く、狭い範囲に情報を伝えていて、いわば時間的、空間的にくっきりとした、分解能の高い神経伝達を行っている。

一方で、ゆっくりと、広範囲に情報を伝えるのがノルアドレナリンやセロトニンなどのモノアミン系の神経伝達物質で、これらはグルタミン酸のようなアミノ酸類に比べるとはるかに作用時間が遅く、しかも持続的である。

これらの物質をつくるニューロンの形態や機能も、それぞれの伝達形式の特徴にしたがった

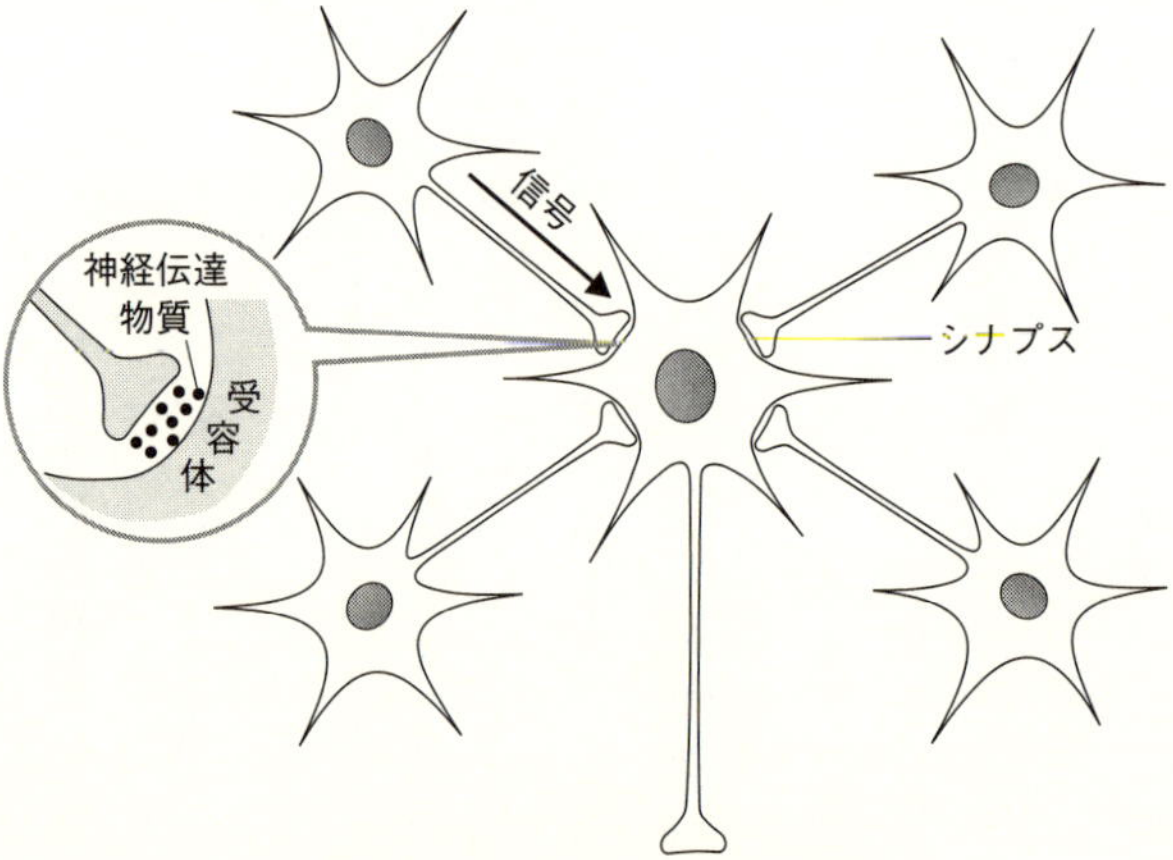

図7-1　シナプスでの神経伝達物質の情報伝達

分化をしている。

たとえばグルタミン酸作動性ニューロンの神経末端は、樹上突起状の少数の突起につくられ、その周りをアストロサイトと呼ばれるグリア細胞がとり囲むことによって、分泌されたグルタミン酸が非常に局所的に作用するようになっている。こうした形態によって「情報漏れ」を防ぎ、精度を高めているのだ。

それに対し、モノアミン作動性ニューロン（モノアミンを神経伝達物質とするニューロン）は、軸索の末端が数珠状のふくらみを多数もった形態をしており、そのふくらみからモノアミンが分泌される。このことにより、軸索の周辺の多数のニューロンに影響を与えることができる。また、シナプスそのものの構造もルーズである。これらの特徴によりモノアミン作動性ニューロンは、小さな領域から発生した情報を、脳の広範なニューロンに伝えることができる。

精度の高さや、速いスピードをもつグルタミン酸の神経伝達の多くは、認知機能や記憶などを受けもっている。一方、作用が持続的で、脳の広範囲の状態を変容させるモノアミン類の神経伝達は、気分や感情、あるいは睡眠や覚醒などにおいてメリットを発揮する。スポーツカーがいくら速くても、バスやトラックの用途はこなせないのと似て、神経伝達物質にも多様な作動様式が必要なのである。

速い情報伝達を得意とするアミノ酸類の神経伝達物質には、グルタミン酸のほか、GABAやグリシンがあげられる。このうちグルタミン酸は受け手側のニューロンを興奮させる（興奮性）が、GABAやグリシンは基本的に抑制させる（抑制性）。

これらは基本的に、細胞膜上に存在するイオンチャネル型の受容体に作用し、イオンチャネルを開口することによって作用する。イオンチャネルとは特定のイオンだけを通すタンパク質分子であり、細胞膜に存在し、開口することによって特定のイオンの透過性が上がる。これによってニューロンの膜電位を変化させて、興奮させたり抑制したりする。

グルタミン酸はおもにナトリウムイオンなどを通すイオンチャネル型の受容体に作用し、G

ＡＢＡやグリシンは塩化物イオンを通す受容体に作用する。その結果、前者はニューロンを興奮させ、後者は抑制するということになる。

一方、モノアミン類の神経伝達物質は、ほとんどの場合、Ｇタンパク質共役型受容体と呼ばれる受容体に作用する。Ｇタンパク質共役型受容体は生体内でもっとも多くの種類からなる受容体群であり、ヒトの場合で約６００種類以上が存在する。これらは情報伝達を担うＧタンパク質と総称される分子と、ニューロン内で結合している。これらの受容体は、セロトニンやノルアドレナリン、ドーパミンなどのモノアミンが作用すると、構造を変化させる。この変化はＧタンパク質に伝わり、Ｇタンパク質がさまざまな酵素の活性を変えて、ニューロンにさまざまな変化を起こす。その過程で特定のイオンチャネルを開口させるなどして、ニューロンを興奮、または抑制に導くのである。

この過程には、数秒以上の時間が必要になる。したがって、受容体が直接イオンを通すアミノ酸類の神経伝達物質と異なり、ニューロンは比較的ゆっくりと興奮または抑制されることになる。また、これらの神経伝達物質の分泌が止まって作用がなくなる過程もまた、ゆっくりと進む。こうした持続的な作用が、気分や感情、睡眠や覚醒状態といった生理的変化には適しているのだ。

なお、あとでくわしく述べるが、脳内には「神経ペプチド」と呼ばれる物質もたくさんの種類があり、これらもゆっくりとした情報伝達をしていて気分や感情に作用している。作用がおよぶ範囲もモノアミン類ほどではないが、アミノ酸類よりは広い。

「気分」に作用するモノアミン類

このように、モノアミン類は精密な情報のやりとりというより、脳全体の〝モード調節〟に関わっていて、いわゆる「気分」にきわめて大きな影響をもたらす。「気分」は脳全体の作動モードに支配されているものなのだ。

モノアミン類に属するノルアドレナリン、アドレナリン、ドーパミンは、すべてチロシンというアミノ酸からつくられ、セロトニンとヒスタミンは、それぞれトリプトファンとヒスチジンからつくられる（図７－２）。なお、ヒスタミンは実際には二つのアミノ基があるが、アミノ酸からカルボキシル基が外れて産生される点が共通のため、モノアミン類とされることが多い。

では、それぞれのモノアミン類をもう少しくわしく見ていこう。

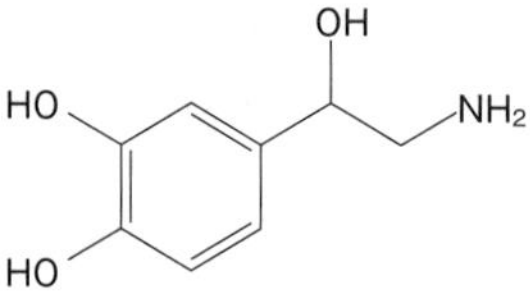

ノルアドレナリン

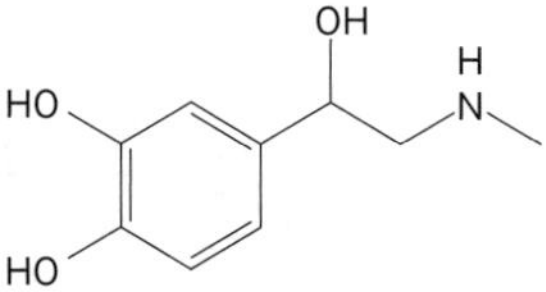

アドレナリン

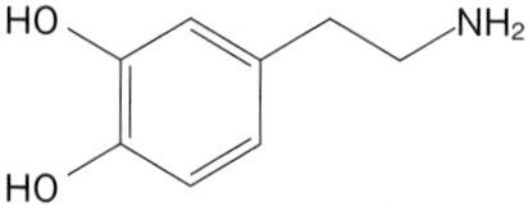

ドーパミン

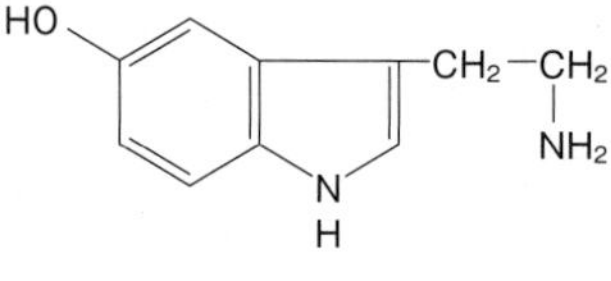

セロトニン

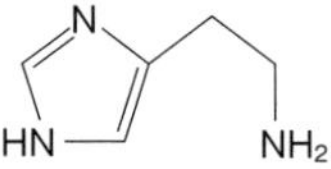

ヒスタミン

図7-2　さまざまなモノアミン類

■ノルアドレナリン

脳幹にある青斑核に存在するニューロンなどがつくっている。これらのニューロンは、前頭前野および扁桃体、海馬など、脳の広範な範囲に軸索を伸ばしている。ノルアドレナリンは、チロシンというアミノ酸からつくられ、カテコールという構造をもつ。モノアミンの中でもカテコールアミンと総称されるものの一つである。

ノルアドレナリンをつくるニューロン（ノルアドレナリン作動性ニューロン）は、覚醒しているか睡眠しているかで活動を大きく変化させることが知られており、覚醒中に活動するが、睡眠中には活動が大きく低下する。だがそれだけでなく、覚醒中においても、強い情動によって大きく活動を高め、とくに扁桃体へのノルアドレナリンの放出が増えることが知られている。

このことは、情動記憶をより強くすることにかかわっていると考えられている。さらには、情動の表出そのものも、より強くする。弱い恐怖や不安が存在する状況でノルアドレナリンが扁桃体の外側部に作用すると、動物はより強く恐怖を表現する。

また、ノルアドレナリンが大脳皮質に作用することで、覚醒レベルが上がると考えられている。

さらにノルアドレナリンは、脳内の広範な領域に作用する。その影響は感覚系や運動系にもおよぶと考えられており、感覚はより鋭敏になり、筋緊張も上がる。非常事態に興奮状態へと切り替えるためのシステムともいえる。すると前頭前野がこの状態を検知して、自らが「興奮している」ことを認知する。わかりやすく表現すれば、ノルアドレナリンは気分を「ハイな」状態にする物質といってもよい。

■ドーパミン

ノルアドレナリンや後述するアドレナリンと同様、チロシンからつくられる、カテコールアミンの一種である。脳幹の上部の中脳と呼ばれる部分に位置する、腹側被蓋野および黒質に存在するニューロン群によって産生される。そのほか、さきほど述べたノルアドレナリン作動性ニューロン（ノルアドレナリンを産生するニューロン）も、ドーパミンをつくっていることが知られている。

第6章でくわしく述べたように、とくに腹側被蓋野に存在するドーパミン作動性ニューロンは、報酬系として機能している。報酬を期待しているときの高揚感や、何かを得たときの達成感がドーパミンと深くかかわっているからだ。また、ドーパミンは海馬にも投射して、記憶を強化する作用をもっている。

■ヒスタミン

ヒスチジンからつくられ、「覚醒」に深くかかわっている。視床下部の最も後方に位置する結節乳頭体という部分に存在するヒスタミン作動性ニューロンが産生する。

ヒスタミンはまた、末梢の器官では、炎症を起こす作用などにもかかわっており、風邪薬などには「抗ヒスタミン薬」と呼ばれる、ヒスタミンの作用を阻害する物質が入っている。しかし、この種の薬が眠気を引き起こすことはよく知られている。これは抗ヒスタミン成分が、脳内においてヒスタミンが覚醒を引き起こす作用まで阻害してしまうからであると考えられている。

■セロトニン

トリプトファンから生成され、脳幹の縫線核という部分に存在するニューロンによって産生される。現在、抗うつ剤として広く使用されているＳＳＲＩ（選択的セロトニン再取り込み阻害薬＝Selective Serotonin Reuptake Inhibitor）は、脳内でセロトニンの作用を強める薬物である。

このことからもわかるように、セロトニンも気分に大きな影響力を持っている。しかし、ときに世間で、セロトニンが「安心のホルモン」とか「幸福感のホルモン」などと謳われ、セロトニンを増やすにはどうしたらいいかなどの記事がメディアに散見されることもあるのは、端的に言って、根拠のない疑似科学である。

セロトニンは脳内のきわめて広範な領域に投射しており、多くの種類の受容体に作用している。いわば、非常に多面性をもった物質であるといってもよい。

たとえば分界条床核という部分に作用して、ストレス応答を修飾し、一般のイメージとは逆に不安や恐怖を増強することにもかかわっているのだ。また、扁桃体に働いて恐怖学習にもかかわっている。

ＳＳＲＩの作用機序には、いまだに不明な点も多い。この薬物が「セロトニンを増やして抗不安作用を惹起する」からといって、セロトニンが幸福感や安心をもたらすものと短絡的に考えてはいけない。

また、セロトニンは覚醒物質でもあり、睡眠覚醒状態にも大きく、そして複雑に影響している。このようにセロトニンは、脳のさまざまな部位にさまざまな様式で働き、「こころ」に大きな影響をもっている。

以上のような脳内のモノアミンが、どのようなレベルにあるかが、脳機能のチューニングにかかわっている。つまり、ノルアドレナリン、ドーパミン、ヒスタミン、セロトニンなどの脳内での相対的レベルが、「気分」をはじめ、さまざまな「こころ」の機能に影響しているのだ。これらの物質が脳内のどの部分で、どのくらいの量が分泌されているかにより、さまざまな「気分」が演出される。

また、これらの因子は筋緊張の調節や、行動の表出にも大きく影響している。ノルアドレナリンのレベルが上がれば興奮状態になり、筋緊張は高まり、一般的に「緊張している」という状態が生まれる。ドーパミンは緊張を緩め、動きを大きくする。セロトニンはすべての調整役として働き、適切な状態にとどめる役割をしている。これらのレベルがチューニングされることによって、動物は「気分」を大幅に変動させるのである。

認知と注意にかかわるアセチルコリン

神経伝達物質はアミノ酸類やモノアミン類だけではなく、そのほかにもある。その代表的なものとして、アセチルコリンを紹介しておこう。

アセチルコリンは自律神経系では副交感神経の神経伝達物質として用いられている（ちなみにモノアミンの項で述べたノルアドレナリンは、自律神経系では交感神経系の神経伝達物質として働いている）。また、運動神経の神経伝達物質としても働いているほか、脳を含む中枢神経系においても、さまざまな機能を果たしている。

アセチルコリンは脳内においては、おもに大脳の基底部と脳幹（とくに橋の背側部）でつくられている。大脳基底部のアセチルコリン産生神経（コリン作動性ニューロン）は、認知機能や注意と深い関係があるとされており、アルツハイマー型認知症ではこのニューロンが失われて認知に問題が生じる。一方、脳幹のコリン作動性ニューロンは、レム睡眠の制御と深い関係がある。覚醒中やレム睡眠中には脳が活発に活動するが、その少なくとも一部の機能は、脳幹のコリン作動性ニューロンが視床を介して脳全体に働きかけることで引き起こされている。

覚醒中には、コリン作動性ニューロンはモノアミン作動性ニューロンと協調的に働いて、脳機能を効率よく働かせることにもかかわっている。すなわち、注意や認知という機能である。

本書でいままで見てきたように、情動とは、外界からの情報を処理するメカニズムの一つといえる。その意味ではアセチルコリンもまた、情動に影響を与える脳内物質といってよいだろう。注意や認知がうまく働かなければ、外界からの情報をうまく脳が受けとれないからだ。つまり、アセチルコリンも「こころ」にかかわる神経伝達物質といえる。

神経ペプチドの多彩な作用

アミノ酸が数個から数十個、ペプチド結合によってつながったものがペプチドであり、細胞間の情報伝達のために働くペプチドを、生理活性ペプチドと呼ぶ。生体内にはたくさんの種類の生理活性ペプチドが存在している。そのなかで、とくに神経系で働くものを神経ペプチドと呼ぶ。神経ペプチドのなかにも「こころ」の機能に大きく影響するものは多い。以下に、おもなものを紹介しよう。

■オキシトシン

オキシトシンは視床下部の室傍核という部分でつくられ、下垂体後葉から血液中に分泌されるホルモンである（血液中に分泌され、遠隔の臓器に働く生理活性物質を古典的にはホルモンと呼ぶ）。オキシトシンは出産のときに子宮を収縮させる作用があり、また母乳を出す作用（射乳）があることが知られている。

しかし、脳内でオキシトシンを産生するニューロンは下垂体以外にも軸索を伸ばしており、さまざまな部位に作用している。また、室傍核だけでなく、たとえば扁桃体などにもオキシトシンを産生するニューロンは存在している。

オキシトシンは「信頼」や「愛情」にかかわっているとされ、他者を認知するときに脳内のオキシトシンレベルが高まると、その人への信頼が高まり、愛情が深まるといわれている。たとえば、乳児は母乳を吸うときに母親の乳首を刺激する。この刺激が脳内を経て、血液中でのオキシトシン分泌を促す。これが母乳を出す働きをするわけだが、一方では脳内でもオキシトシンは分泌されていて、その結果、母子の間の信頼と愛情が生まれるというわけだ。

■バソプレッシン

オキシトシンと同様に、視床下部の室傍核などでつくられ、下垂体後葉から血液中に分泌される。そして、これもオキシトシンと同様に、アミノ酸9個からなるペプチドである。

このペプチドは、出血や脱水などで体液を失ったときに出てきて、血管を収縮させて血圧を上げ、腎臓に働いて、利尿を抑制することで体液を維持する作用をもっている。

しかしバソプレッシンは脳内でも、さまざまな働きをしているらしい。たとえば、交尾のパートナーの選択にもかかわっていると考えられている。

多くの哺乳類は、一夫多妻あるいは乱婚である。１匹の雌と1匹の雄がペアをつくる、いわゆる一夫一妻制は哺乳類全体の３％以下にすぎない。そのまれな例の一つが、アメリカに生息するプレーリーハタネズミだ。ところが、その近縁種のサンガクハタネズミは乱婚なのだ。

プレーリーハタネズミの雄がパートナーの雌とのみ交尾をし、子どもの世話をする一方、サンガクハタネズミの雄は複数の雌と交尾をし、子どもの世話はしない。雌も子どもを産んだら、別の雄と交尾をする。近い動物なのに、まったく違う夫婦形態をとるのである。

この違いに、前述のオキシトシンとバソプレッシンがかかわっているという報告がなされている。プレーリーハタネズミでは、脳内でのバソプレッシンの放出は、オキシトシンと協働的に働いて雄が交尾をした雌と一緒にいることを好むように作用する。子どもを世話することも促すという。しかし、乱婚のサンガクハタネズミでは、バソプレッシンはそのような働きをもっていない。

この差は、V1a受容体と呼ばれるバソプレッシンの受容体が、脳内のどの部分に発現しているかによってもたらされていると考えられている。一夫一妻制のプレーリーハタネズミのV1a受容体は、報酬系の一部を構成する腹側淡蒼球という部分に多く分布している。しかし、乱婚のサンガクハタネズミの腹側淡蒼球ではV1a受容体の発現は少ない。ところがサンガクハタネズミの雄の腹側淡蒼球に、実験的にV1a受容体を発現させると、決まった雌と身を寄せあうようになり、さらには子どもの世話もするようになるのだ。これは、バソプレッシンが報酬系に働いて、パートナーとのコミュニケーションや子どもの世話が「報酬」として働くようになったということである。たった一つの分子の発現パターンの違いで、まったく違う社会行動がもたらされる興味深い例である。

■エンドルフィン

麻薬として有名なモルヒネ（アヘン）は、強い鎮痛作用と多幸感をもたらすケシの実由来のアルカロイドで、強い依存性をもつ。モルヒネは脳内のオピオイド受容体と呼ばれる一群の受容体に作用する。オピオイド受容体はGABA作動性ニューロンの末端にあって、GABAの分泌を抑制する。GABA作動性ニューロンはドーパミン作動性ニューロンを抑制しているので、GABAの抑制は結果として、腹側被蓋野のドーパミン作動性ニューロンの活動を亢進させる。そのため、モルヒネには強い依存性があるのだ。

そして脳内には、モルヒネと同じ作用をもつ、つまりオピオイド受容体に作用するペプチドが複数存在する。これらを総称して「エンドルフィン」と呼ぶ。

エンドルフィンにはα、β、γの3種が存在する。エンドルフィンは痛覚における嫌悪や不快感の要素を強く阻害するとともに、多幸感と呼ばれる、強い幸福感や満たされた感覚をもたらす。

■オレキシン

オレキシンは視床下部外側野に存在するオレキシン産生ニューロンによって産生されるペプチドであり、覚醒維持に必須の役割をしている。

オレキシン産生ニューロンがなくなると、ナルコレプシーと呼ばれる特徴的な睡眠障害を発症する。この疾患は、非常に特徴的な症状を呈する。

ヒトでは思春期前後に発症する症例が多く、強い眠気を主訴とすることが多い。日常生活のうえで、「覚醒しているべきとき」に覚醒を維持できない。それどころか、健康な人では緊張や興奮などの感情の高ぶりによって眠れないときでも、強烈な眠気に襲われて眠ってしまうことがある。このように突然睡眠におちいってしまう発作を「睡眠発作」と呼ぶ。ナルコレプシーでは、どんな場面でも睡眠発作に襲われて、意思とは無関係にいつのまにか眠ってしまうのだ。

もう一つ、この病気に特徴的な症状がある。「情動脱力発作」と呼ばれるもので、突然、全身の筋肉の力が抜けてしまう。感情が高ぶったときに、筋肉に力が入らなくなってしまうのである。ひどい場合は、立っていられなくなって倒れてしまう。引き金となる感情は、怒りである場合は少なく、うれしいとき、自尊心をくすぐられるようなことを言われたとき、笑ったときなど、どちらかというとポジティブな感情の場合が多い。

つまり、オレキシンの機能は情動と深く関係があり、情動が高ぶったときに感情を維持する働き、そして筋緊張を適切に保って行動することを助ける働きがある、ということになる。

また、オレキシンは脳幹のモノアミン系ニューロンに働いて、覚醒を維持する。前述のようにモノアミンは、覚醒にかかわっているとともに、気分や情動と深い関係がある。つまりオレキシンは、モノアミンの活動を管理することで情動を制御していると考えられる。

脳に作用するホルモン

これまで見てきた「こころ」にかかわる物質は、脳内で産生され、脳で働いていた。だが、末梢臓器でつくられ、血液に乗って運ばれて、脳に作用する物質も多い。

たとえばノルアドレナリンは、末梢では、交感神経の末端から分泌されている。また、腎臓の上にある副腎という小器官の髄質からは、アドレナリンと呼ばれるノルアドレナリンに似た物質が血液中に分泌され、心臓の収縮力を上げたり、心拍数を上げたりなど、全身の臓器に影響を与えている。それと同時に、ノルアドレナリンやアドレナリンは迷走神経の末端に作用して、脳にも影響を与えている。

また、脂肪細胞から分泌されるホルモンであるレプチンは、視床下部の弓状核という部分に働き、満腹感を惹起する役割をしているし、胃が空になったときに胃から分泌されるグレリンというペプチドホルモンは、食欲を惹起する働きをしている。そのほか、食後に胆嚢を収縮させるコレシストキニンと呼ばれるホルモンは、迷走神経末端に働いて脳に情報を送り、満腹感の生成に関与している。

さらには、前にも述べたように副腎皮質ホルモンも（糖質コルチコイド、ヒトではコルチゾール)、扁桃体や海馬の機能に大きく影響をおよぼしている。

このように末梢臓器から分泌されるホルモンは、脳にも影響を与え、私たちの精神機能の制御にも深くかかわっているのである。

しかも、ホルモンばかりではなく、脳は血糖値の変化もとらえている。視床下部外側野には血糖値が低下したときに興奮するニューロンが存在する。また、腹内側核には逆に、血糖値が上昇したときに興奮するニューロン群がある。こうしたニューロン群も、覚醒や食欲に大きな影響を与えている。全身の機能が、脳の作動状態に大きく影響しているのである。

第７章のまとめ

1　脳内には「こころ」の機能に強く影響をおよぼすたくさんの種類の脳内物質が存在する。

2　血液中をめぐる多くのホルモンも、脳機能を強く変容させる。

終章

「こころ」とは何か

青春が幸福なのは、
美しいものを見る能力を備えているためです。

——— カフカ

「こころ」とは抽象的な概念であり、文脈によってさまざまな意味を表す言葉でもある。本書では、大脳皮質の認知機能、大脳辺縁系による記憶と情動の制御機構、そして報酬系の機能などを論じながら、「こころ」を一つのシステムとみなして考察してきた。

この章ではあらためて、「こころ」とは何かを、神経科学的な視点から見つめて、筆者の考えをまとめてみたい。

下等動物からヒトへの「行動の進化」

文字通り、「動く」、つまり「行動する」というのが動物の本質だ。どんな下等な動物でも、刺激を加えれば逃げ、餌を見つければそれに近づいていく。感覚器官で外界の有害あるいは有益な情報（顕著な情報）をキャッチして、それに対して行動を起こす——つまり、感覚（インプット）の行動（アウトプット）への変換が、動物の生態の根幹にある。

下等動物では、その行動パターンは限定的であり、定型的にプログラムされた応答である。しかし動物が進化していくと、その生活環境も複雑になり、同種の他個体との接触も生まれ、社会ができあがる。こうした生活環境の複雑化にうまく対応するためには、簡単にプログラムされた行動パターンの表出だけでは不十分であり、行動パターンの選択に際しては、より複雑な演算をして適切なものを選び、柔軟に調整していかなくてはならない。

そのために動物は、脳という情報処理システムをより高度なものに進化させてきた。感覚系はより精細かつ精密な情報処理を高速で行えるようになり、行動も、より多くの状況に適応させるために、複雑な学習が可能なものになった。また、過去の情報を現在の行動選択に生かすため、記憶装置として海馬や扁桃体を装備した。

さらにヒトは、非常に複雑な社会形態をもつに至った。その中でよりよく生きるためには、現在の行動の結果がどのような未来に結びつくか、脳内でシミュレーションする機能（実行機能）を実装する必要があった。そのためにヒトは、前頭前野を進化させた。また、頭頂葉や前頭葉の進化により共感する能力を獲得し、他者の立場に立って、さまざまな物事を判断することも可能になった。

いまも残っているプログラム

しかしながら、進化論的に下等動物がもっていた行動パターンのプログラムは、私たちの脳の中にもいまだに残っていて、機能している。

マウスの大脳辺縁系や脳幹の特定の神経回路を人工的に刺激すると、すくみ行動、逃避行動、探索行動などの定型的な行動はもとより、ほかの個体との接触を求める行動や、避ける行動などのより複雑な行動まで、自動的に表出させることができる。このことは、私たちの行動は、認知を介さなくても自動的に表現されている部分がかなり大きいということを示唆する。

マウスが自然界で、キツネやトンビなどの外敵に出くわしたとき、すくみ行動をとるのを観察した人は、「マウスは恐怖を感じた結果、すくみ行動をとった」と考えるだろう。しかし、実は、マウスの扁桃体中心核という場所から、脳幹の中心灰白質(ちゅうしんかいはくしつ)という部分に投射する神経回路を特異的に興奮させると、マウスは即座にすくみ行動をとる。この神経回路は脳の深部に存在するものであり、この刺激それ自体は、大脳皮質による認知を直接にはともなわない。扁桃体は感覚系から直接の入力を受けており、すくみ行動を惹起する機能には「認知」をともなう必要はないのである。

つまり、大脳皮質による「恐怖対象の認知」が存在しなくても、恐怖にともなう行動は表出される。

もちろん通常では、恐怖対象は並行して認知され、主観的な恐怖もともなうことになるため、「恐怖を感じた結果、それに応じた行動を起こした」と思われがちだが、実際には行動と認知は並列に起こっているのだ。さらには、恐怖に応じた行動をとった、という認知が起こり、情動体験はさらに修飾されることになる。

行動のほとんどは無意識になされている

私たちは前頭前野の機能により、自らがおかれている環境を理解し、自分の身体の状態を認知しながら生活している。前頭前野は意識や認知、論理的思考、内省、倫理的判断、未来の予測などに深くかかわっており、また、思考に用いる作業記憶もこの部分に存在する機能である。作業記憶の内容は、現時点で私たちが認知していることである。私たちの「自我」や「意識」はこの部分に存在すると言っても間違いではない。

しかしながら、私たち自身の行動の選択に、前頭前野がおよぼしている影響は、実は限定的なものでしかない。もっと強く行動をドライブしているのは、根源的には脳の深部の構造であり、無意識の過程なのである。

私たちは自分の行動をすべて自らの意志でコントロールしていると錯覚しがちであるが、私たちの行動を意識がコントロールしている部分は、ごく一部である。前述のように、多くの行動は下等動物と同様に、なかばプログラムによってオートマチックに表出されている。比較的複雑な行動でも、自動的に作動している部分が大きい。大脳基底核という部分は運動野と協調して、さまざまな行動や運動のパターンをもっており、意識は命令を下して行動をとりだしてはいるものの、多くの行動は自動的に引き起こされている。

たとえば、歩行という動作を、私たちの多くはあたりまえのように行えているが、実は歩行とはいくつもの要素がからみあう、複雑な動作なのである。それでも何も意識せずとも私たちが歩くことができるのは、脳幹や脊髄にプログラミングされた行動パターンが多数備わっているからなのだ。

感覚系がもたらした外界の情報は、大脳辺縁系と報酬系を介して情動を生み、行動を表出する。報酬系がもたらす報酬を求める行動は「危険をいとわず挑戦する」ことにつながる。そして、これは人間社会でもヒトがさらなる向上を志す源泉になっている。しかしながら、一方で、恐怖を感じなければ無鉄砲になってしまう。

こうして「危険をいとわず挑戦する性格」と、「リスクを恐れ安全策をとる性格」は、どちらも環境によって有利に働きうるため、両立しうることになったと考えられる。どちらがより強く出るかは遺伝的な個体差や生育環境がつくりあげていく。さらには報酬系も、大脳辺縁系も学習可能なシステムであり、環境に合わせてアップデートされていく。

自分のことだからこそわからない

感情や気分をコントロールする脳の機構も、歩行などの行動と同様に、外界や体内の状況に応じて、意識されることなく自動的に動いている。

意識は、脳の深部に存在する大脳辺縁系や報酬系の働きや、全身の変化を認知して「主観的な感情」を感じる。私たち自身のおかれている状態は、脳によって常に検知されてはいるが、大部分は意識がおよばない領域で、脳の深部が自動的に処理している。ほとんどのことは、私たちの意識にのぼらないうちに行われているのである。

「そんなことはない、私は自分の行動をすべて把握しているし、自分の感情が生じる理由も常にわかっている」

という人も多いだろう。

しかし、かつて誰もが地動説を信じなかったように、自分の直観に反することは理解しがたいものだ。ましてや「こころ」は、私たち自身がもつ機能だから、私たちには、自分が主観的に感じているようにしか認知することができない。

だからこそ、一歩引いて、客観的に脳を観察することが大切になってくる。そうすることで、「こころ」というものの本質が何かが、見えてくるのだ。

「こころ」はいかにして生まれるのか

ここまで、情動を紡ぎだす大脳辺縁系や、報酬を取り扱う報酬系などが「こころ」のもとになっていることを見てきた。それらを踏まえて、日常の「こころ」の動きがどのようにつくられているのかをまとめてみよう。

たとえば、恐怖を感じるとはどういうことだろうか。これには第3章で見てきた扁桃体を中心とした、大脳辺縁系の働きが大きく関係している。

ヒトや動物は外界の状況を、感覚系を介してキャッチしている。その情報は、視床を介して扁桃体にやってくる。その人が恐怖を感じる対象や状況を認知したときに、扁桃体は強く興奮する。扁桃体が中心核を介して視床下部や脳幹に情報を送ると、自律神経や内分泌系が変動するとともに、脳内でもモノアミン系ニューロン群が大きく活動を変える。とくに青斑核ノルアドレナリンニューロンの活動が増え、扁桃体に作用することにより、恐怖行動は強化される。扁桃体が交感神経系を興奮させることで、心拍数は増加し、手掌の発汗や、筋肉の緊張が起こる。それを前頭前野が知覚することで、内的状態としての恐怖が認知され、それによってさらに恐怖は強くなる。

一方で、喜びを感じているときには、報酬系の活動が起こっている。報酬をゲットできる、あるいはゲットできるかもしれないと前頭前野が認知することにより、腹側被蓋核のドーパミン作動性ニューロンが活動することが、喜びの「こころ」をつくる。ドーパミンは側坐核に働き、喜びを生むに至った行動を強化するとともに、扁桃体にも情報を送り、筋肉の緊張を緩める方向に働く。黒質のドーパミン作動性ニューロンも働いて筋肉はよりスムーズに動くようになり、身体全体の動きは大きくなる。

こうした恐怖や喜びを惹起する感覚情報の基本になっているのは、痛みや食物・異性などであるが、動物はそれをベースに学習して、さまざまなものを恐怖や報酬の対象にしていくこともすでに述べた通りである。

また、実際にはさまざまな環境因子が、さまざまな割合で大脳辺縁系や報酬系の活動に影響しているものだ。その割合によっても「こころ」のあり方は大きく影響をうける。情動を高める環境因子が少ないときには、大脳辺縁系や報酬系の働きはトーンダウンし、リラックスした状態の「こころ」が生まれる。

だが、複雑な社会形態のなかで生きているヒトの「こころ」は、さらに複雑だ。それは、第

1章で述べた「共感性」や「社会性」という機能をもっているためである。この機能こそが、ヒトの「こころ」を「こころ」たらしめている要素といえる。

ヒトは他者の立場に立って、そのヒトの気持ちを類推することができる。他者の幸福や不幸を脳内でシミュレートし、疑似体験することができるのである。この他者は、ときには物語のなかの登場人物であることもある。そしてこのとき、報酬系や大脳辺縁系は自分が体験したときと同様に機能し、他者の幸福を喜んだり、憐れんで涙を流したり、他者が感じた恐怖体験を脳内で疑似体験したりすることができる。さらには嫉妬などのかなり複雑な「こころ」にも、共感性が関与している。ある報酬を他者が得られ、自分が得られないことを理解できるからこそ、そうした感情が生まれることになる。その結果、大脳辺縁系が活動し、モノアミン系ニューロン群を動かすことにより、特有の気分、そして「こころ」が生まれてくる。

ヒトがもつ共感性という機能は、おそらく同種であるヒトだけに及ぶものではない。ペットなどの動物の行動や表情も、大脳辺縁系や報酬系には大きな影響を与える。第7章で「信頼」を高める脳内物質オキシトシンについて触れたが、麻布大学のグループは、ペットの犬と飼い主がよく見つめ合っていたグループでは、飼い主も犬もオキシトシンの尿中濃度が上昇していることを示している。このことは、飼い主とペットとの間に愛に似た絆をとりもつ脳活動が生まれていることを示している。コミュニケーションを通して情動のあり方を共有できるようになったことが、「こころ」のあり方を強く形づくっているともいえる。他者と内的状態を共有できるからこそ、ヒトは「こころ」をより高度の精神機能とすることができたのである。

もちろん、共感性はおそらくヒトだけの機能ではないが、ヒトでとくに発達していることは間違いない。本書では「こころ」を行動選択のためのメカニズムとして位置づけてきたが、ヒトは共感性によって、他者を慮り、集団のために犠牲になるといった行動をとることも可能になったのだ。

さらにヒトは、前頭前野の実行機能によって、将来をシミュレートする能力も身につけている。それは将来の希望に向けて、報酬系を駆動する機能である。これによってヒトは、将来の結果を想定しながら努力することも可能になった。だが逆に、将来を悲観して、大脳辺縁系が発動するストレス応答が起こってしまうようにもなった。

このように大脳皮質の機能が情動を修飾していくことで、ヒトの「こころ」はより複雑につくりあげられていったのである。

「こころ」は進化する

繰り返すと、「こころ」は脳深部のシステムの活動、いくつかの脳内物質のバランス、そして大脳辺縁系がもととなる自律神経系と内分泌系の動きがもたらす全身の変化が核となってつくられている。また、他者の精神状態は表情を含むコミュニケーションによって共感され、自らの内的状態に影響する。そして最終的には、前頭前野を含む大脳皮質がそれらを認知することによって、主観的な「こころ」というものが生まれるのである。

そして、実は「こころ」は、いまもなお進化しつづけている。

高度な社会性を獲得したヒトという動物種は、現在も絶え間なく変化している。現代社会において「恐怖」とは、自然の驚異や、捕食者に殺傷されることなどではなく、この社会の中で自分の地位を獲得できないこと、存在を無視されることなどに変化していっている。そして、集団の中で自分の存在を認められたい、という承認欲求が、人々の欲求、つまりは報酬系を駆動する大きな要因になっている。インターネットの普及がそれを後押ししている。

「自分はどこから来て、何のために生きているのか」

現代のヒトにとって、そんな根源的な疑問や不安を解消してくれるのは、他者からの承認である。よい仕事をして認められたい、といったことから、ＳＮＳに写真をアップして「いいね」をたくさんゲットする、といったことまで、現代人の行動は「他者から承認されること」が選択の基準となっていると言ってもよい。

「こころ」とは、行動選択のためのメカニズムである。そして「こころ」には、学習機能が備わっている。それゆえに「こころ」は、社会の変化にともないこれからも変化していくのだ。

おわりに

近年のＡＩの進化には、目を瞠るものがある。将棋や碁など、きわめて高度な知性を要求されるゲームで人類最高レベルの知能を打ち破ったり、複雑な交通事情のなかで自動運転を実現したり、医学の分野では年季の入った病理医や放射線科医が熟考ののちに下す診断を瞬時に行って見せたり、といったことが実現している。

それでは、やがて脳機能はＡＩにとって代わるのだろうか？　将来、ＡＩは意識や自我や感情をもつことが可能になるのだろうか？　さらには、人間の脳がもつ情報をコンピューターに移すことが可能になるだろうか？

ＳＦ作家ならずとも、現代人なら誰しもそんなことを夢想することがあるだろう。しかし、知性のみならず、「こころ」を理解しなければ、脳の働き方を本当に理解することはできない。ＡＩが注目されているいまだからこそ、「こころ」を扱ってみたいと考えた。

本来、「こころ」は抽象的な概念であり、科学的には明確な定義がなされていない。したがって通常は、科学で扱うものではない。しかし、本書ではあえて、「こころ」という言葉・概念を扱うことにした。

当初、私は、「大脳辺縁系」や「情動」の機能を中心に解説書を書くつもりでいた。しかし、書き進めていくうちに、脳や全身の情動的状態を、意識下あるいは無意識に「認知」することが「情動体験」を生むことを概説する必要が生じてきた。さらには、「報酬系」の機能も論じなければ、「大脳皮質」による脳活動の重要性や、その意義を説明することはできないということに思い当たった。

その結果、脳全体、もっと言えば全身の機能にもかかわる包括的な精神機能のメカニズムを解いていく、というものにすることにした。そうした機能を指す言葉として、「こころ」よりも適切なものは思い浮かばない。そこで心臓と区別するために「心」ではなく「こころ」とし、これを中心に論じることにしたというわけだ。

もちろん、大脳辺縁系と情動に関しては、少しくわしく解説した。「こころ」にとっては、情動（≒感情）はとても重要な要素だからである。

情動は私たちを喜ばせ、幸せにもするが、悲しませたり、怖がらせたりもする。そして、ときに情動は「理性よりも下位に属するものであり、情動をあらわにすることは下品」とみなされることもあるし、情動を有害なものととらえる考え方も古くから散見される。

プラトンは「情熱や欲求や恐怖は思考を停止させる」とし、「情動とは野生の馬のようなもので知性という御者によって手綱を引かれなければ制御できないもの」としていた。キリスト教神学の教えでは、「情動と罪は同じであって不死の魂が神の国に入るために、誘惑は理性と意志の力によって抑制されなければならない」とし、情動は罪＝悪であるとされている。

このように情動は、知性や理性と対照をなすものとしてとらえられている。その影響は、現在の法体系にも見られる。つまり「衝動的に起こした犯罪」を、計画的犯罪とは別ものとして扱っている。

それでは、情動は有害なものであり、ないほうがよいものなのであろうか？　本来であれば進化の過程で取り除かれていくべきであったものなのだろうか？

たしかに、情動はいわゆるストレスとも大いに関係があり、精神疾患の発症にも関係している。しかし、「痛み」という嫌悪される身体的な感覚が、実は生体防御機能として重要であるのと同様に、「こころ」が痛い目にあうということは、危険や失敗を避けるため、繰り返さないために重要なことなのである。

そして、落ち込んだり、悲しんだりすることがあるからこそ、ときに味わう喜びが輝きを増す。報酬系という機能があるからこそ、私たちは喜びを味わうことができる。情動という機能がなければ、人生がいかに味気のないものになってしまうかは容易に想像できる。私たちヒトは、情動があるからこそ、生きていけるのである。

本書で解説してきたとおり、こうした情動の機能は脳の深部にある大脳辺縁系の機構によって紡ぎだされるものであり、意識下でいわば〝自動的に〟もたらされるものである。情動の状態は、脳内の状態に変化を与えるとともに、自律神経系や内分泌系を介して、全身の状態をも変化させる。

そして、それを「自我」や「意識」の主座である大脳皮質の前頭前野が「認知」することによって、「こころ」という機能は完成するのである。

第2章で感情には、喜び（pleasure）、高揚（elation）、多幸感（euphoria）、快感（ecstasy）、悲しみ（sadness）、落胆（despondency）、鬱（depression）、恐怖（fear）、不安（anxiety）、怒り（anger）、敵愾心（hostility）、穏やかな気持ち（calm）などがあり、さらにこれらがさまざまな割合で入り混じった状態も存在すると書いた。本書で説明したさまざまなメカニズムは並列に、しかも相互に影響を与えながら働いている。それぞれの、いわばチューニングレベルの組み合わせは無限である。それらの状態が複雑な「こころ」をつくっている。

ひとつ、本書で触れなかった話題として、「性格の個人差」という部分がある。「こころ」に与える影響を明確なエビデンスを示しながら論じることが困難だったので本書では割愛することにしたが、ここで少しだけ触れておきたい。

「こころ」は学習可能なシステムであるがゆえに、生活環境の影響を強く受ける。近年では、たとえば腸内細菌叢の違いも、脳機能に影響を与えていることが示されるようになってきた。こうした環境要因に加え、「こころ」にはもって生まれた遺伝的要因が色濃く反映される。それは、神経回路の構造の微細な差異や、第7章で述べたような脳内物質の受容体のほんの少しの差、それらの無限の組み合わせによって生まれると想像される。実際にモノアミン系の受容体には、いくつもの遺伝的多型（ごくわずかに遺伝情報が異なるもの）が知られている。これらもまた、「こころ」の個性をつくっていると考えられる。

夏目漱石は名著『こころ』において、嫉妬、罪悪感、羞恥心、愛情などのきわめて複雑な人間の心情を描ききった。それらもまた、本書で述べた脳のメカニズムによって織りなされるものなのである。そうした「こころ」のしくみの概要を読者のみなさんが理解していただければ——と思う。

平成30年9月

櫻井　武

参考文献

第1章

・Brodmann, K. *Vergleichende Lokalisationslehre der Grosshirnrinde in ihren Prinzipien dargestellt auf Grund des Zellenbaues*. Barth, 1909

第2章

・Ellsworth, P, C,（1994）. "William James and emotion: is a century of fame worth a century of misunderstanding?", *Psychol. Rev*: 101（2）;222-229.PMID 8022957.

・スティーヴン・C・ロウ著　本田理恵訳『ウィリアム・ジェイムズ入門―賢く生きる哲学』日本教文社（1998）

・ジョセフ・ルドゥー著　松本元／川村光毅ほか訳『エモーショナル・ブレイン―情動の脳科学』東京大学出版会（2003）

・Damasio, Antonio. *Looking for Spinoza : Joy, sorrow, and the feeling brain*. Harcourt, 2003

・Damasio, Antonio. *Descarte's error: Emotion, reason, and the human brain*. Avon Books,

1994

・Damasio, Antonio. *Descarte's error: Emotion, reason, and the human brain*. Penguin Books, 2005（田中三彦訳『デカルトの誤り―情動、理性、人間の脳』筑摩書房 2010）

・Tomkins, Silvan S. *Affect Imagery Consciousness Volume III. The Negative Affects: Anger and Fear*. Springer, 1991

・Schachter, S. and Singer, J.（1962）. "Cognitive, Social, and Physiological Determinants of Emotional State". *Psychological Review*. 69: 379-399. doi:10.1037/h0046234

・Dutton, D. G. and Aron, A. P.（1974）. "Some evidence for heightened sexual attraction under conditions of high anxiety". *Journal of Personality and Social Psychology*. 30(4): 510-517. doi:10.1037/h0037031 PMID 4455773.

・ダーウィン著　浜中浜太郎訳『人及び動物の表情について』岩波書店（1991）

・Ekman, P.（1970）. "Universal Facial Expressions of Emotion". *California Mental Health Research Digest*, 8(4), 151-158.

・Keltner, D., Ekman, P., Gonzaga, G. C. and Beer, J. Facial Expression of Emotion. In Davidson, R. J., Scherer, K. R. and Goldsmith, H. H.（Eds.）, *Handbook of Affective Sciences*

(415-432). Oxford University Press, 2003
・Ekman, P. Methods for Measuring Facial Action. In Scherer, K. R. and Ekman, P. (Eds.), *Handbook of Methods in Nonverbal Behavior Research* (45-90). Cambridge University Press, 1982
・Russell, J. A. and Mehrabian, A.(1977). "Evidence for a three-factor theory of emotions". *J. Res. Personality*. 11: 273-294.
・Bradley, M.M. and Lang, P. J. (1994). "Measuring Emotion: The Self-Assessment Manikin and the Semantic Differential". *Journal of Behavior Therapy and Experimental Psychiatry*,25 (1),49-59.

第3章

・Papez, J. W. (1937). "A proposed mechanism of emotion". *Archives of Neurology and Psychiatry*, 38, 725-743.
・Brown, S. and Schäfer, E. A. (1888). "An investigation into the functions of the cccipital and temporal lobes of the monkey's brain". *Philosophical Transactions of the Royal Society of*

London. B: Biological Sciences 179: 303-327. doi:10.1098/rstb.1888.0011

・Klüver, H. and Bucy, P. C.（1939）."Preliminary analysis of functions of the temporal lobes in monkeys.". *Archives of Neurology and Psychiatry*. 42: 979-1000.

・Bucher, K., Myers, R. E. and Southwick, C.（1970）. "Anterior temporal cortex and maternal behavior in monkey". Neurology, 20, 415.

・Aggleton, J. P. and Passingham, R. E.（1981）. "Syndrome produced by lesions of the amygdala in monkeys（Macaca mulatta）". *Journal of Comparative and Physiological Psychology*, 95: 961-977. doi:10.1037/h0077848

・Proust, M. À la recherche du temps perdu. Bernard Grasset. 1913（鈴木道彦訳『失われた時を求めて1　第一篇　スワン家の方へ1』集英社1996）

・マイケル・S・ガザニガ／ジョゼフ・E・ルドゥー著　柏原恵龍ほか訳『二つの脳と一つの心—左右の半球と認知』ミネルヴァ書房（1994）

第4章

・Moser, C.（2001）. "Neurobehavioral screening in rodents". *Curr. Protoc. Toxicol.*: Chapter

11;Unit11.2.

・Rogers, D. C., Fisher, E. M., Brown, S. D., Peters, J., Hunter, A. J. and Martin J. E.(1997). "Behavioral and functional analysis of mouse phenotype: SHIRPA, a proposed protocol for comprehensive phenotype assessment". *Mamm. Genome*: 8(10);711-713.

第5章

・スザンヌ・コーキン著　鍛原多惠子訳『ぼくは物覚えが悪い：健忘症患者H・Mの生涯』早川書房（2014）

・Neuroscience: Post-mortem examination of the brain of Patient H.M. *Nature Communications*.

・Corkin, S. (2002). "What's new with the amnesic patient H.M.?" *Nature Reviews Neuroscience*. 3(2): 153-160. doi:10.1038/nrn726. PMID 11836523.

・Moll, Maryanne（2014). "Henry Molaison's（or HM）brain digitized to show how amnesia affects the brain". TechTimes. Retrieved 2014-02-08.

・Adolphs, R., Gosselin, F., Buchanan, T. W., Tranel, D., Schyns, P. and Damasio, A. R.(2005)

"A mechanism for impaired fear recognition after amygdala damage". *Nature*. Jan 6;433(7021):68-72.

・Adolphs, R., Tranel, D. and Damasio, A. R.(1998)." The human amygdala in social judgment". *Nature*. Jun 4;393(6684):470-474.

・Adolphs, R., Tranel, D., Damasio H. and Damasio, A.(1994), "Impaired recognition of emotion in facial expressions following bilateral damage to the human amygdala". *Nature*. Dec 15;372(6507):669-672.

・Feinsteinsend, Justin S., Adolphs, Ralph, Damasio, Antonio and Tranel, Daniel (2010). "The Human Amygdala and the Induction and Experience of Fear" *Current Biology*, 16 December. doi: 10.1016/j.cub.2010.11.042

第6章

・デイヴィッド・J・リンデン著　岩坂彰訳『快感回路　なぜ気持ちいいのか　なぜやめられないのか』河出書房新社（2012）

・Moan, Charles E., Heath, Robert G.(1972). "Septal stimulation for the initiation of heterosexual behavior in a homosexual male", *Journal of Behavior Therapy and Experimental Psychiatry* March, Pages 23-26, IN1, 27-30 doi: 10.1016/0005-7916(72)90029-8

・Portenoy, R. K., Jarden, J. O., Sidtis, J. J., Lipton, R. B., Foley, K. M. and Rottenberg, D. A. (1986). "Compulsive thalamic self-stimulation: a case with metabolic, electrophysiologic and behavioral correlates". *Pain*. Dec;27(3):277-290.

第7章

・Marcinkiewcz, C. A., Mazzone, C. M., D'Agostino, G., Halladay, L. R., Hardaway, J. A., DiBerto, J. F., Navarro, M., Burnham, N., Cristiano, C., Dorrier, C. E., Tipton, G. J., Ramakrishnan, C., Kozicz, T., Deisseroth, K., Thiele, T. E., McElligott, Z.A., Holmes, A., Heisler, L. K. and Kash, T. L.(2016). "Serotonin engages an anxiety and fear-promoting circuit in the extended amygdala". *Nature*. 537(7618):97-101. doi: 10.1038/nature19318. Epub 2016 Aug 24.

・Young, L. J., Nilsen, R., Waymire, K. G., MacGregor, G. R. and Insel, T.R. (1999). "Increased affiliative response to vasopressin in mice expressing the V_{1a} receptor from a monogamous vole. *Nature* 400,766-768.

・Lim, M. M., Wang, Z., Olazábal, D. E., Xianghui, R., Terwilliger, E. F. and Young, L. (2004). Enhanced partner preference in a promiscuous species by manipulating the expression of a single gene". *Nature* 429, 754-757.

【ま行】

【や行】

【ら行】

【わ行】

【アルファベット】

【な行】

【は行】

【た行】

【さ行】

さくいん

【あ行】

【か行】

N.D.C.491　234p　18cm

ブルーバックス　B-2073

「こころ」はいかにして生まれるのか
最新脳科学で解き明かす「情動」

2018年10月20日　第１刷発行

著者　櫻井　武
発行者　渡瀬昌彦
発行所　株式会社講談社
〒112-8001　東京都文京区音羽2-12-21
電話　出版　03-5395-3524
販売　03-5395-4415
業務　03-5395-3615
印刷所　(本文印刷) 慶昌堂印刷株式会社
(カバー表紙印刷) 信毎書籍印刷株式会社
製本所　株式会社国宝社

ISBN978－4－06－513522－8

発刊のことば

科学をあなたのポケットに

二十世紀最大の特色は、それが科学時代であるということです。科学は日に日に進歩を続け、止まるところを知りません。ひと昔前の夢物語もどんどん現実化しており、今やわれわれの生活のすべてが、科学によってゆり動かされているといっても過言ではないでしょう。

そのような背景を考えれば、学者や学生はもちろん、産業人も、セールスマンも、ジャーナリストも、家庭の主婦も、みんなが科学を知らなければ、時代の流れに逆らうことになるでしょう。

ブルーバックス発刊の意義と必然性はそこにあります。このシリーズは、読む人に科学的に物を考える習慣と、科学的に物を見る目を養っていただくことを最大の目標にしています。そのためには、単に原理や法則の解説に終始するのではなくて、政治や経済など、社会科学や人文科学にも関連させて、広い視野から問題を追究していきます。科学はむずかしいという先入観を改める表現と構成、それも類書にないブルーバックスの特色であると信じます。

一九六三年九月　　野間省一

1032 フィールドガイド・アフリカ野生動物　小倉寛太郎
1073 へんな虫はすごい虫　安富和男
1176 考える血管　児玉龍彦／浜窪隆雄
1341 食べ物としての動物たち　伊藤　宏
1363 新・分子生物学入門　丸山工作
1410 新しい発生生物学　木下　圭／浅島　誠
1427 筋肉はふしぎ　杉　晴夫
1439 味のなんでも小事典　日本味と匂学会＝編
1472 DNA（上）ジェームス・D・ワトソン／アンドリュー・ベリー　青木　薫＝訳
1473 DNA（下）ジェームス・D・ワトソン／アンドリュー・ベリー　青木　薫＝訳
1507 新しい高校生物の教科書　栃内　新　左巻健男＝編著
1513 猫のなるほど不思議学　岩崎るりは　小山秀一＝監修
1514 記憶と情動の脳科学　ジェームズ・L・マッガウ　大石高生／久保田競＝監訳
1528 新・細胞を読む　山科正平
1537 「退化」の進化学　犬塚則久
1538 進化しすぎた脳　池谷裕二
1539 入門　たのしい植物学　田中　修
1565 これでナットク！　植物の謎　日本植物生理学会＝編
1582 DVD&図解　見てわかるDNAのしくみ　JT生命誌研究館　工藤光子／中村桂子
1612 光合成とはなにか　園池公毅
1626 進化から見た病気　栃内　新
1637 分子進化のほぼ中立説　太田朋子
1662 老化はなぜ進むのか　近藤祥司
1670 森が消えれば海も死ぬ　第2版　松永勝彦
1672 カラー図解　アメリカ版　大学生物学の教科書　第1巻　細胞生物学　D・サダヴァ他　石崎泰樹　丸山　敬＝監訳・翻訳
1673 カラー図解　アメリカ版　大学生物学の教科書　第2巻　分子遺伝学　D・サダヴァ他　石崎泰樹　丸山　敬＝監訳・翻訳
1674 カラー図解　アメリカ版　大学生物学の教科書　第3巻　分子生物学　D・サダヴァ他　石崎泰樹　丸山　敬＝監訳・翻訳
1691 DVD-ROM&図解　動く！　深海生物図鑑　三宅裕志／佐藤孝子＝監修　ビバマンボ／北村雄一
1712 図解　感覚器の進化　岩堀修明
1725 魚の行動習性を利用する釣り入門　川村軍蔵
1727 iPS細胞とはなにか　朝日新聞大阪本社　科学医療グループ
1730 たんぱく質入門　武村政春
1767 巨大津波は生態系をどう変えたか　永幡嘉之
1775 地球外生命　9の論点　立花　隆／佐藤勝彦ほか　自然科学研究機構＝編
1792 二重らせん　ジェームス・D・ワトソン　江上不二夫／中村桂子＝訳
1800 ゲノムが語る生命像　本庶　佑
1801 新しいウイルス入門　武村政春
1821 これでナットク！　植物の謎Part2　日本植物生理学会＝編
1826 海に還った哺乳類　イルカのふしぎ　村山　司

ブルーバックス　生物学関係書（II）

1829 エピゲノムと生命　太田邦史
1842 記憶のしくみ（上）　ラリー・R・スクワイア／エリック・R・カンデル　小西史朗／桐野 豊＝監修
1843 記憶のしくみ（下）　ラリー・R・スクワイア／エリック・R・カンデル　小西史朗／桐野 豊＝監修
1844 死なないやつら　長沼 毅
1848 今さら聞けない科学の常識3　聞くなら今でしょ！　朝日新聞科学医療部＝編
1849 分子からみた生物進化　宮田 隆
1853 図解　内臓の進化　岩堀修明
1854 カラー図解　EURO版　バイオテクノロジーの教科書（上）　ラインハート・レンネバーグ　小林達彦＝監修　田中暉夫／奥原正國＝訳
1855 カラー図解　EURO版　バイオテクノロジーの教科書（下）　ラインハート・レンネバーグ　小林達彦＝監修　田中暉夫／奥原正國＝訳
1861 発展コラム式　中学理科の教科書　改訂版　生物・地球・宇宙編　石渡正志　滝川洋二＝編
1872 マンガ　生物学に強くなる　堂嶋大輔＝作　渡邊雄一郎＝監修
1874 もの忘れの脳科学　苧阪満里子
1875 カラー図解　アメリカ版　大学生物学の教科書　第4巻　進化生物学　D・サダヴァ他　石崎泰樹／斎藤成也＝監訳
1876 カラー図解　アメリカ版　大学生物学の教科書　第5巻　生態学　D・サダヴァ他　石崎泰樹／斎藤成也＝監訳

1884 驚異の小器官　耳の科学　杉浦彩子
1889 社会脳からみた認知症　伊古田俊夫
1892 「進撃の巨人」と解剖学　布施英利
1898 哺乳類誕生　乳の獲得と進化の謎　酒井仙吉
1902 巨大ウイルスと第4のドメイン　武村政春
1923 コミュ障　動物性を失った人類　正高信男
1929 心臓の力　柿沼由彦
1943 神経とシナプスの科学　杉 晴夫
1944 細胞の中の分子生物学　森 和俊
1945 芸術脳の科学　塚田 稔
1964 脳からみた自閉症　大隅典子
1990 カラー図解　進化の教科書　第1巻　進化の歴史　カール・ジンマー／ダグラス・J・エムレン　更科 功／石川牧子／国友良樹＝訳
1991 カラー図解　進化の教科書　第2巻　進化の理論　カール・ジンマー／ダグラス・J・エムレン　更科 功／石川牧子／国友良樹＝訳
1992 カラー図解　進化の教科書　第3巻　系統樹や生態から見た進化　カール・ジンマー／ダグラス・J・エムレン　更科 功／石川牧子／国友良樹＝訳
2010 生物はウイルスが進化させた　武村政春
2018 カラー図解　古生物たちのふしぎな世界　土屋 健／田中源吾＝協力
2037 我々はなぜ我々だけなのか　川端裕人／海部陽介＝監修
2053 鳥！　驚異の知能　ジェニファー・アッカーマン　鍛原多恵子＝訳

ブルーバックス　医学・薬学・心理学関係書(I)